平沼 光

日本は世界1位の金属資源大国

講談社＋α《プラスアルファ》新書

はじめに——日本を「黄金の国」に導く三つの資源

「日本は資源豊かな黄金の国である」

このように書くと、一三世紀のイタリア人小説家ルスティケロ・ダ・ピサが記した、ヴェネツィア商人マルコ・ポーロの旅行記『東方見聞録《とうほうけんぶんろく》』に登場する、「黄金の国ジパング」のことを思い浮かべる人がいるかもしれない。

この『東方見聞録』のなかでジパングは、「中国大陸の東の海上一五〇〇マイルに浮かぶ独立した島国で、莫大な金を産出し、宮殿や民家は黄金でできている財宝に富んだ国」というように描かれている。日本の英語名「Japan（ジャパン）」は『東方見聞録』に登場する「Zipangu（ジパング）」から来ているとされ、かつて日本は黄金に富んだ国と見られていた。

ジパングの真偽については諸説あるが、世界遺産に登録されている島根県の石見《いわみ》銀山では、戦国時代から江戸期にかけて、世界の銀産出量の三分の一が産出されていたといわれる。また、宝永《ほうえい》佐渡《さど》小判《こばん》、正徳《しょうとく》佐渡《さど》小判、正徳《しょうとく》佐渡《さど》一分《いちぶ》金《きん》など、さまざまな貨幣を鋳造《ちゅうぞう》していた佐渡の鉱山は、江戸時代には日本最大、世界でも有数な金銀鉱山として知られていたという。かように、日本が多くの資源を産出していた時代があったのだ。

その後、時は流れ、石油がすべてにかかわる主たる資源となる時代が訪れる。そして、石油がほとんど出ない日本は、長らく「資源に乏《とぼ》しい国」という時代を過ごしてきた。

しかし、時代は新たな展開を迎えている。地球温暖化などの世界的な気候変動問題に対処するため、二酸化炭素（CO_2）の排出源となる石油などの化石燃料の利用から脱却する動き、いわゆる「脱石油」へと世界は大きく舵《かじ》を切ったのだ。そして、石油に替わり求められるようになった主たるエネルギーが、太陽光、太陽熱、風力、地熱、波力といった二酸化炭素を排出しない再生可能エネルギーである。また、二酸化炭素を排出しないという点では、原子力も現実的なエネルギー供給源として注目されてきている。

さらに、エネルギーの供給面だけではなく消費面においても、石油を使わずに再生可能エネルギーを効率よく消費する電気自動車や、省エネ家電といった高効率・省エネルギー機器が求められるようになってきている。

かように、石油時代が終わろうとしている今、日本はようやく石油という資源の呪縛《じゅばく》から逃れられると見込まれていた。ところがそんな矢先、新たな資源の壁を思い知らされる事態が起きた。二〇一〇年九月の尖閣諸島《せんかくしょとう》中国漁船衝突事件に端を発した、中国のレアアース

（RE）の実質的な対日輸出禁止だ。
この事態の詳細や中国の思惑などについては、本文に譲ることにする。しかし現在、中国がレアアースの世界需要の約九割をまかなっているという寡占《かせん》化された状況にあり、日本もその九割を中国からの輸入に頼っている。

また、日本が海外に依存をしている鉱物資源はレアアースだけではない。

太陽光発電などで作られた電気を蓄えて、必要な時に供給する脱石油の核心技術といえる蓄電池、なかでも、とくに注目されているリチウムイオン電池にはリチウム（Li）が必要だが、日本はそのおよそ七割（ＪＯＧＭＥＣレアメタル備蓄データ集〈総論〉二〇一〇年三月）をチリからの輸入に頼っている。

また、ハイブリッド自動車の触媒や燃料電池に必要となるプラチナ――すなわち白金（Pt）も、南アフリカにおよそ七割という割合で依存。その他、難燃助剤として欠かせないレアメタルであるアンチモン（Sb）も、九割を中国からの輸入に頼っている。

尖閣諸島の事件が日本に突きつけたのは、領土・領海問題だけではなかった。脱石油のために欠かせない鉱物資源の多くを、海外からの輸入に依存しているという事実……この危うい状況が浮き彫りになったのである。

ここで「資源」とは何か、どこにあるものなのかについて、あらためて考えてみたい。

そもそも「資源」に明確な定義はない。たとえば文部科学省では資源について、「人間が社会活動を維持向上させる源泉として、働きかける対象となりうる事物である」（文部科学省科学技術・学術審議会資源調査分科会）という、非常に漠《ばく》としたとらえ方をしている。また我々も、一般的に石油や天然ガス、鉱物資源など、地中深くに埋まっている天然物を資源と考えているのではないだろうか。

そして、地中深くに埋まっている天然物が資源であるとするならば、陸地としての国土が狭く、掘ってもさしたる天然物が出てこない日本は、「資源に乏しい国」といえる。だが地中以外のものにも目を向けると、状況は大きく変わってくるのである。

地中に埋まっているもの以外の資源、その一つとして注目されるのが、「都市鉱山」だ。

都市鉱山とは、廃棄物となり家庭やゴミ処理場などに眠る、家電製品に使われている数多《あまた》の鉱物資源を指す。これらを地上に存在する鉱山と見立てて、「都市鉱山」と呼んでいるのである。そして廃棄物から鉱物資源を回収、リサイクルして利用するという試みが、日本では動き始めているのだ。

では、都市鉱山を「資源」とした場合、日本にはどれほどの鉱物資源が埋まっているのか。「日本の金、銀の資源量は世界第一位」となるのだ。

独立行政法人物質・材料研究機構の調べによると、地下資源としての金（Au）の世界埋蔵量は四万二〇〇〇トン。これに対し、日本の都市鉱山としての金の蓄積量は六八〇〇トン。世界の埋蔵量に対する我が国の金の都市鉱山比率は一六・一九パーセントとなり、その量を埋蔵量国別順位で見ると世界第一位に値する。

また金だけではなく、銀（Ag）の日本における都市鉱山の蓄積量は、世界の地下資源の埋蔵量と比べた場合、金と同じく世界第一位。加えて、アンチモン、インジウム（In）、あるいはプラチナなどの白金族《はっきんぞく》といったレアメタルも、日本は世界有数の資源国に匹敵する蓄積量を有するのである。このように地中に埋まっているもの以外も「資源」ととらえることで、日本は世界一位の金属資源を持っているといえるのだ。

ここまで読んでいただければ、「日本は世界一位の金属資源大国」であることをご理解いただけたはずだ。しかし、金属資源の「オリンピック」はない。そこで、それに代わり、「日本は世界一位の金属資源大国」である実力を明確に示す事実を、ここに提示しておこう。

ニューヨークには、世界最大の商品先物取引所「ニューヨークマーカンタイル取引所」がある。ここでは六つの金属、すなわち、金、銀、銅（Cu）、鋼（鉄を主成分にした合金）、プラチナ、パラジウム（Pd）だけが取引されている。

市場で取引される商品のなかには、各国の政治・経済情勢によって派生した価格変動が、世界の経済や産業に大きな影響を与えるものがある。そして先物取引の役割は、そういった商品の価格変動が与える多大な影響の回避にこそある。つまり、先物取引される商品は世界経済に大きな影響を与えるものであることを意味する。先の六つの金属は、いわば金属資源界の「横綱」といえよう。

さて、これら最重要視される金属において、すでに触れた金と銀の蓄積量は日本が世界一位。他の金属の埋蔵量一位を見ると、銅がチリ、鋼の主成分となる鉄がロシア、プラチナとパラジウムが南アフリカとなる。すなわち、「日本部屋」と「南アフリカ部屋」のみが二人の「横綱」を擁《よう》するのである。

なお本文で詳しく説明するが、ここでいう「蓄積量」とは、「使用中ストック」「使用済みストック」、ゴミ処理に回されたもので散逸《さんいつ》した「散逸ストック」の合計をいう。また、鉱物の埋蔵量、生産量、消費量等の数値は、主に独立行政法人石油天然ガス・金属鉱物資源機構（JOGMEC）「レアメタル備蓄データ集〈総論〉二〇一〇年三月」などを参考にした。

しかも、日本が世界に誇れる資源の源は都市鉱山だけではない。日本を取り巻く海も鉱物資源の恵みをもたらしてくれるのである。

たとえば、リチウムを海水から取り出す技術研究が進められている。また原子力発電の燃料となるウランも海水から採取可能だ。しかも、海水に溶在しているバナジウム（V）やコバルト（Co）といったレアメタルも回収できるという。

加えて、日本の排他的経済水域（EEZ）と、大陸棚延伸可能域内に存在する海底鉱物資源の存在も大きい。

日本の海にはレアメタルを含む「海底熱水鉱床《かいていねっすいこうしょう》」、そして、コバルト、銅、白金、レアアースを含む「コバルト・リッチ・クラスト」といわれる鉱床が多数発見されている。しかも、海底熱水鉱床では世界第一位、コバルト・リッチ・クラストでは、世界第二位の資源量があると試算されている。

このように、「資源は地中に埋まっているもの」というステレオタイプの考え方から離れると、都市鉱山や広大な海に存在する海洋資源といった、日本の鉱物資源のポテンシャル（潜在能力）が見えてくるのである。

さらにもう一つ、忘れてはならない大事な資源が日本にはある。それは無尽蔵《むじんぞう》に湧《わ》き出る「日本の英知」だ。

いかに国内に都市鉱山や海底鉱物資源が存在したとしても、それを再利用、あるいは採掘するには高度な技術が必要だ。そして、それを実現するのは「英知」でしかない。

たとえば、レアアースの革新的な使い道を考案したのは、何を隠そう日本人である。これから本格的な普及が始まる次世代自動車の心臓部となるモーターに使われている磁石には、その保磁力を高めるためにレアアースが添加されているが、その技術は一九八三年に、日本の佐川眞人《さがわまさと》博士（インターメタリックス株式会社代表取締役社長）が開発したものである。

また現在、日本においてはレアメタルの使用量を削減する「省レアメタル技術」、加えて、別の材料に置き換える「代替《だいたい》材料技術」といった技術開発が進んでいる。

レアアースの価値を日本の技術が高めたように、日本の英知は新たな技術を次々と生み出し、資源の新たな可能性を無限に引き出そうとしている。そうした日本人の英知こそが、忘れてはならない大切な「資源」なのである。

冒頭、「日本は資源豊かな黄金の国である」と書いた。それは決して『東方見聞録』に登場する「黄金の国ジパング」のことでも、金銀を豊富に産出した戦国時代、江戸時代の日本のことでもない。金・銀の蓄積量が世界の埋蔵量比で世界一位となる日本の都市鉱山、世界一位の資源量が試算されている海底熱水鉱床などの日本の海底鉱物資源、そして、レアアースの先端的な利用法を発明した日本人の英知——。これらによって、現代日本は資源豊かな黄金の国となることができるのだ。

本書は、転換期を迎える資源エネルギー情勢下において、東京財団の「資源エネルギーと日本の外交」プロジェクトの一環として出版するものである。このプロジェクトは、日本の資源エネルギーにおける課題の全体像を把握しながら、優先すべき課題を見出し、提言していくことを目的としている。

資源の供給不安が懸念《けねん》され、その供給源の多元化が求められている今こそ、我々は自国のなかにある資源の可能性についてあらためて考えてみる必要があるのだ。本書は、そうした日本の金属資源ポテンシャルについてまとめてみた。


本書が完成するまでには、大変多くの方々のご協力をいただいた。都市鉱山については、独立行政法人物質・材料研究機構元素戦略センター長の原田《はらだ》幸明《こうめい》氏から貴重な情報を、海底鉱物資源については、大阪府立大学大学院工学研究科海洋システム工学分野教授の山崎哲生《やまざきてつお》氏から、「海」という視点では東海大学海洋学部教授の山田《やまだ》吉彦《よしひこ》氏からお話を頂戴した。

さらに原子力錬金術の分野では、東海大学工学部原子力工学科教授の高木《たかき》直行《なおゆき》氏にお世話になった。また、江東区環境清掃部清掃リサイクル課長の鈴木亨《すずきとおる》氏、同主査の瀧澤慎《たきざわしん》氏には、自治体の取り組みについて丁寧なご説明をいただいた。そして国際情勢の視点では、日頃、指導をいただいている東京財団上席研究員渡部恒雄《わたなべつねお》氏、同じく上席研究員佐々木《ささき》良昭《よしあき》氏から意見を頂戴した。

その他、本書の執筆にあたりご協力いただいた皆様に、厚く御礼を申し上げたい。

また、編集を担当していただいた間渕隆《まぶちたかし》氏、構成を担当していただいたスタジオ・ジップの川崎敦文《かわさきあつふみ》氏、両氏の多大なる励ましとご協力がなければ、不慣れな私が出版に至ることはできなかった。心から御礼申し上げたい。そして、本書の執筆を温かく見守ってくれた家族に感謝の意を表したい。

二〇一一年三月

平沼《ひらぬま》 光《ひかる》

目次◉日本は世界1位の金属資源大国

はじめに――日本を「黄金の国」に導く三つの資源　3

第一章　新時代の核心的技術を手にした日本

世界が突入した新エネルギー競争　20
金融危機が新たなゲームの起点に　22
新成長戦略で世界に挑む日本　24
450シナリオが描く未来像とは　27
激化する次世代自動車開発レース　30
混戦模様の太陽光発電　33
新参入サムスン電子の脅威　35
新エネルギーの核心技術は何か　37
南米の湖で産出されるリチウム　40
市場を席巻する日本の蓄電池技術　43
日本人と鉱物の古代からの絆　45

第二章　激化する金属資源争奪戦争

次世代自動車はレアメタルの塊　50
レアアースは本当に「レア」か　53
鉱物資源を買い漁る怪物・中国　56
レアアース中国支配のカラクリ　58

中国支配の二つのシナリオ　60
ＥＵが分析した危険な金属　63
アメリカが鍵と睨む鉱物　66
日本から見えないアメリカの本音　69
コモンメタルを牛耳るのは誰か　71
日本独自の鉱物資源を開拓　73

第三章　廃棄物が膨大な資源となる近未来

肥料の原料も海外に依存　78
江戸のリサイクル技術とは　81
廃棄物が宝の山になる日本　83
見かけはゴミでも中味は金　85
金の埋蔵量世界一の国は　87
日本の銅資源の底力　90
埃をかぶった家電が日本を救う　93
アンチモンは埋蔵量比で世界四位　95
再利用が本格化する二つの鉱物　97
燃料電池の核となる鉱物も大量に　100
タンタルはカナダを抜き世界三位　103
廃棄家電の「集鉱」を始まりに　105
都市鉱山活用に動き出す自治体　107
携帯電話返却で商品券が　109
企業内にもある都市鉱山　111
「都市鉱石」と呼ばれる粉　113
驚異の３Ｄ粉砕技術　115
九〇パーセント以上の回収目標も　118
技術革新のセオリーとは何か　120

第四章　世界最大級の資源を誇る日本の海

世界第一位の海底資源量　124
二〇〇兆円規模の資源量　126
膨大なレアアースを含む海底鉱床　129
世界で始まる鉱山再開の動き　131
海の資源に群がる強国たち　133
日本の海底を歩くカニ脚ロボット　137
三一七キロ航走した海底ロボット　140
世界が認めた技術とデータの蓄積　142
熾烈化するリチウム獲得競争　144
「イオンふるい吸着剤」の凄さ　146
原子力発電にシフトする各国　149
黒潮が大量のウランを運ぶ　151
宝の持ち腐れを避けるために　154
日本の海は世界第四位のスケール　156

第五章　無限の資源「日本の英知」

世界的スターも認めた日本の技術　160
レアアースの価値を高めたのは誰か　162
重希土類を使わぬ磁石の登場　166
新技術を前にかすむ中国の戦略　168
「原子炉錬金術」が実現する日　170

第六章　金属資源が招く超・高度成長

都市鉱石の効率的な回収法とは　174
大海原へと乗り出すために　176
新たな海洋資源調査船の登場　178
「横の連携」で新時代の先進国を　180
ピンチをチャンスに変えてきた国　183
真の日本車が世界を走る日　186

あとがきに代えて――「資源エネルギーと日本の外交」研究プロジェクトについて
（東京財団理事長　加藤秀樹）　189

第一章　新時代の核心的技術を手にした日本

世界が突入した新エネルギー競争

二〇一〇年九月七日、沖縄県尖閣諸島《せんかくしょとう》沖で違法操業をしていた中国漁船が、海上保安庁の巡視船に衝突するという事件が発生した。この事件を機に、それまで一般の日本人には馴染《なじ》みがなかったであろう尖閣諸島は誰もが知る存在となり、国民の多くが「日本は国境問題を抱えている」ことに気づいたのである。

一方で尖閣諸島と同様に、多くの人にその存在を知らしめたものがあった。それが「レアアース（RE）」だ。

尖閣諸島事件以降、理不尽かつ異常とも思える外交姿勢を見せた中国は、日本へのレアアース輸出を実質的に禁止。中国からの輸入が途絶えると、レアアースを使ったさまざまな製品を生産する工場の生産ラインを停止せざるを得ない状況が起きかねないとして、日本の産業界は上を下への大騒ぎとなった。

レアアースは希少《きしょう》鉱物資源として経済産業省が指定する三一種類のレアメタルのうちの一つで、電気自動車など次世代自動車の駆動モーター、原子炉の中性子遮蔽材《しゃへいざい》、省エネディスプレイなど、さまざまな環境エネルギー技術に不可欠な鉱物資源である。現在、中国がレアアースの世界需要の約九割をまかなっているという寡占《かせん》化された状況にあり、日本もその九割を中国からの輸入に頼っている。

二〇一〇年四月、経済産業省が公表した「次世代自動車戦略」では、次世代自動車の新車販売台数における割合を、二〇二〇年までに二〇～五〇パーセントに引き上げる方針が示されている。しかし、これを実現するためには、レアアースの確保、すなわち中国からの調達が欠かせない。

これは何も、次世代自動車に限ったことではない。二〇〇九年九月にニューヨークの国連本部で開催された気候変動サミット以降、温室効果ガス二五パーセント削減を掲げる日本にとっては、さまざまな環境エネルギー技術を普及させる必要がある。そしてその多くの技術、製品にレアアースが必要なのだ。

また、次世代自動車の普及、脱石油による温室効果ガス削減といった流れは日本だけのものではない。いうまでもなく世界的な潮流であり、尖閣諸島事件に端を発したレアアース輸出の実質的禁止は、レアアースが外交における武器になり得ることと、強烈な「資源ナショナリズムの台頭」を証明したのだった。

中国の資源ナショナリズムの台頭があからさまになった二〇一〇年。その一二月に、奇《く》しくも日産自動車が、電気自動車としては初の本格的な普通自動車「リーフ」を発売した。これはまさしく、次なるステップへの第一歩であり、時代は待ったなしで動き始めたのだ。

次世代自動車の普及、脱石油、そして、資源ナショナリズムの台頭……。まさに、「賽《さい》は投げられた」のである。

だが、それは二〇一〇年に投げられたのだろうか？　実は賽が投げられたのは二〇〇八年といってもいい。世界的な金融恐慌が起きたその年に賽は投げられ、新たなゲーム――先進国のみならず、中国、ロシア、ブラジル、インドといった新興国も参加するゲームがスタートしたのである。

現在、日本が置かれている状況、そして日本が向かうであろう方向を見通すためには、その背景にあるものを理解する必要がある。そこで少しばかり時計の針を戻して、二〇〇八年に焦点を絞《しぼ》ることにしたい。

金融危機が新たなゲームの起点に

二〇〇八年にアメリカに端を発した金融危機をきっかけとして、世界経済は大変革期を迎えた。各国は環境エネルギー分野への投資と産業育成による経済の安定化を目指す、新しい環境経済政策を推進する方向に動き始めたのだ。いささか古い言葉になった感はあるが、いわゆる「グリーン・ニューディール政策」だ。

すでに二一世紀に入ってから、気候変動の問題や化石燃料の中長期的な供給不安が世界中を襲っていた。そうした問題や不安を背景にして関心が高まっていたのが、原子力利用の向上や先端技術による再生可能エネルギーの利用。加えてハイブリッド車、電気自動車など、省エネルギー・高効率機器の普及であった。つまり風は吹いていたのだが、金融危機をきっかけに、世界は「本気」で舵《かじ》を切ったのである。

この流れを受けるがごとく、二〇〇九年九月二二日、鳩山由紀夫《はとやまゆきお》首相（当時）が、ニューヨークの国連本部で開催された気候変動サミットで、日本の温室効果ガス削減の中期目標を表明。それは、「二〇二〇年までに一九九〇年比で二五パーセント削減することを目指す」というものだった。

もちろん、日本が二五パーセントを削減する前提として、温室効果ガス削減における公平な国際枠組みの構築、すべての主要国の参加ということが条件になる。だが、日本はそうした条件を整えることも含め、中期目標の実現に向けて動く決意を示したといえる。

加えて、気候変動サミットに先立って公表された、二〇〇九年の衆院選における民主党のマニフェストでは、さまざまな地球温暖化対策の具体策が出された。たとえば、「キャップアンドトレード方式」による国内排出量取引市場の創設、地球温暖化対策税の導入の検討などがそれだ。

キャップアンドトレード方式とは、温室効果ガスの排出権取引における取引手法の一つである。この方式において、まずガス排出の規制対象となる企業には、日本政府が定めた総排出量に基づき、排出量の上限を設定した「排出枠（キャップ）」が割り当てられる。そして、この排出枠の一部を取引することが許されるので、「キャップアンドトレード」と呼ぶわけだ。

キャップアンドトレード方式については賛否両論があり、日本では本格的な制度導入には至っていなかった。しかしながら、この方式を国内でも本格的に始動させていこう――マニフェストはそう打ち出したといえる。

なお、民主党のマニフェストには、一次エネルギーの総供給量に占める再生可能エネルギーの割合を、二〇二〇年までに一〇パーセント程度に引き上げることを目的に、新エネルギーや省エネルギー技術を活用していくことも盛り込まれている。そして、二〇一〇年六月、日本の今後の経済成長、国の発展のあり方を記《しる》した「新成長戦略」が閣議決定された。

新成長戦略で世界に挑む日本

新成長戦略では、環境関連技術を武器にした産業戦略「グリーン・イノベーション」によって、二〇二〇年までに「五〇兆円超の環境関連新規市場、一四〇万人の環境分野の新規雇用、日本の民間ベースの技術を活かした世界の温室効果ガス削減量を一三億トン以上とすること（日本全体の総排出量に相当）を目標とする」という方針が示されている。
具体的には、次のようなことを行う。

・電力の固定価格買取制度の拡充などによる、再生可能エネルギー（太陽光、風力、小水力、バイオマス、地熱など）の普及拡大
・情報通信技術の活用による日本の経済社会の低炭素化
・原子力利用について着実に取り組む
・蓄電池や次世代自動車の普及
・火力発電所の効率化
・情報通信システムの低消費電力化
・モーダルシフトの推進
・省エネ家電の普及
・日本型スマートグリッドの普及
・エコ住宅の普及
・ＬＥＤや有機ＥＬ（エレクトロルミネッセンス）など次世代照明の一〇〇パーセント化の実現

これを見て分かるように、新成長戦略とは、ありとあらゆる環境エネルギー技術を総動員するものなのである。

すでに触れたように、こういった動きは世界的な潮流だ。たとえばアメリカでは、バラク・オバマ政権が環境エネルギー政策「New Energy for America」によって、再生可能エネルギーによる電力比率を二〇一二年までに一〇パーセント、二〇二五年までに二五パーセントに引き上げると表明した。

またアメリカ製プラグインハイブリッド車（家庭用電源から差し込みプラグを用いて、簡単に電力を供給・充電できるハイブリッド車）を、二〇一五年までに一〇〇万台普及させることも、政策には盛り込まれている。この「New Energy for America」は、一〇年間で一五〇〇億ドルを投資し、五〇〇万人の雇用を創出することをも目指している。

イギリスは、二〇〇九年三月に産業政策「Low Carbon Industrial Strategy: A vision（低炭素産業戦略ビジョン）」を打ち出している。これによって、環境エネルギー分野への投資により、新たに四〇万人の雇用を創出することを計画しているという。

また韓国でも、四年間で五〇兆ウォンを環境エネルギー分野に投資し、約一〇〇万人の雇用を創出することを目指している。このように、環境エネルギー分野への注力は、必然的に新たな就労機会を生み出す。ゆえに、世界各国は競うように環境経済政策を掲げているのである。

もっとも、気候変動問題については、「IPCC（気候変動に関する政府間パネル）が示したデータに誤りがあった」「いや、捏造《ねつぞう》だ」などと諸説がある。その真偽はさておき、世界が「脱石油」「気候変動問題への対策」という方向に向かいつつあることに間違いはない。

そして日本と同様に、各国が掲げている環境経済政策においては、省エネ家電、次世代自動車の普及、再生可能エネルギーの利用など、先端技術を利用した環境関連産業の振興が大きな柱の一つとなっている。

今後、いかに先端的な環境エネルギー技術を自国で創出・育成できるか――。それが、一国の国際競争力を左右する要素となる。ゆえに、環境エネルギー分野での国際競争が激化の一途《いっと》をたどるのは確実だ。

それは先述したように、新興国もこぞって参加するものである。そしてたとえば中国などは、自身にとって絶妙ともいえるタイミングで、新たな時代のゲームに参加したのだ。

４５０シナリオが描く未来像とは

競争が激化すると予想される環境エネルギー技術分野。なかでも、ハイブリッド車、プラグインハイブリッド車、電気自動車といった、自然環境に優しい次世代自動車分野の開発競争はまさに過熱状態だ。

日本の二酸化炭素（CO_2）排出量の部門別内訳（二〇〇五年）を見てみると、自動車を始めとする運輸部門が占める割合は全体のおよそ二〇パーセント。排出量がもっとも大きい産業部門（三五・九パーセント）に次いで、負荷影響のある分野となっていることが理解できる（二〇〇六年一〇月に環境省が公表）。

運輸部門のなかでも自動車の影響は大きく、日本の温室効果ガス削減目標を達成するためには、自動車の環境対応は必須事項といえる。

世界のエネルギー動向を分析している国際エネルギー機関（ＩＥＡ）が公表した「World Energy Outlook 2009」のなかでも、ハイブリッド車、電気自動車など次世代自動車の導入は、二酸化炭素排出の要因である石油需要の大幅な削減につながるとしている。そして、「World Energy Outlook 2009」では、主に二つのシナリオが描かれているのである。

そのシナリオとは、各国政府が二酸化炭素排出削減に対し、既存の政策や対策をまったく変えなかった場合の「レファランス・シナリオ」。そして、それとは対照的に、大気中の温室効果ガス濃度をCO_2換算四五〇パーツ・パー・ミリオン（ｐｐｍ＝一〇〇万分のいくつにあたるかを示す単位）に抑えるために、各国が対策を講じた場合の「４５０シナリオ」がそれだ。

450シナリオを見ると、二〇三〇年時の自動車シェアが理解できる。従来型のガソリンエンジン車が、レファランス・シナリオ時の九〇パーセントから四〇パーセントへ減少。一方で、ハイブリッド車は三〇パーセント、残りをプラグインハイブリッド車と電気自動車が占めるとしている。つまり、間違いなく次世代自動車の普及は世界的に広まると予測しているのである。

また日本経済においても、自動車産業は重要なポジションにある。

二〇〇八年の主要商品別輸出額（F・O・B〈本船甲板渡し条件〉ベース　JAMA資料）を見ると、輸出総額八一兆二〇〇億円中、自動車（四輪車、二輪車、部品）産業の輸出額は一七兆五一〇〇億円。実に全体の二一・六パーセントにあたり、輸出額トップなのである。

ちなみに第二位は、一般機械（一五兆九三〇〇億円、一九・七パーセント）、第三位は電気機器（一五兆三七〇〇億円、一九・〇パーセント）となっており、日本産業のパイとしてもいまだ自動車産業は主力であることがうかがえるだろう。

いうまでもなく、自動車は環境への負荷が大きい。しかし、だからといって、自動車を完全になくすことは難しい。ましてや、日本の産業が自動車産業に負《お》っているところが大きいことを考えれば、なおさらである。ゆえに、日本は国家としても環境への影響が少ない次世代自動車の開発、そして普及の後押しをする必要があるのだ。

こうした国際的な環境問題と国内産業の振興という観点から、次世代自動車への期待は日々高まっている。そして今この時も、日本の自動車メーカー各社は、次世代自動車の開発に鎬《しのぎ》を削り、技術や性能は日進月歩《にっしんげっぽ》の勢いで向上し続けているのである。

そんななか、二〇一〇年一二月、日産自動車が本格的な電気自動車「リーフ」を発売した。実用性に富んだ普通乗用車としての電気自動車が発売されたことで、二〇一〇年はまさに「電気自動車元年」となった。もちろん、日産以外のメーカーも次世代自動車の普通乗用車化を計画しており、今後ますます販売競争に拍車がかかることは確実だ。

日本政府としても、次世代自動車の普及に注力していくことを、先に述べた新成長戦略の重要方針の一つとしているので、こうした市場の活性化は大いに歓迎すべきであろう。

激化する次世代自動車開発レース

次世代自動車の投入の動きは、日本だけにとどまらない。

中国政府が二〇〇九年三月に公表した「自動車産業調整振興計画」では、電気自動車、プラグインハイブリッド車、ハイブリッド車などの次世代自動車の生産力を、二〇一一年までに五〇万台レベルに引き上げるとしている。

さらに、乗用車の販売台数における次世代自動車の比率を五パーセントに高める方針を打ち出しており、そのための支援を積極的に行っていくとしているのだ。また、次世代自動車の振興支援に力を入れる一方で、中国は乱立している自国の自動車メーカーの再編も推し進めている。

こうした政策を背景に、バッテリーメーカーから二〇〇三年に自動車メーカーに転身し、ハイブリッド車「Ｆ３ＤＭ」や電気自動車「ｅ６」などの次世代自動車を開発したBYD AUTO（比亜迪《ビーワイディー》）、また、中国ブランド大手で電気自動車「Ｓ18」を二〇〇九年二月にリリースしたChery Company（奇《き》瑞《すい》汽《き》車《しゃ》有《ゆう》限《げん》公《こう》司《し》）など、中国の自動車メーカーも着実に技術力をつけてきている。

そして前述したように、アメリカでも環境エネルギー政策の「New Energy for America」のなかで、アメリカ製プラグインハイブリッド車を、二〇一五年までに一〇〇万台普及させることを目指している。

超大国のアメリカではあるが、次世代自動車の分野では世界的に遅れを取っているのが実情だ。そうしたなか、起死回生の旗手として期待されているのが、大手自動車メーカーであるゼネラル・モーターズのレンジエクステンダー（航続距離延長装置）を搭載した次世代自動車「シボレー・ボルト」である。

シボレー・ボルトは電源コード（プラグ）からリチウムイオン電池に蓄電した電力エネルギーにより走行する。そして、電池の残量が少なくなると搭載するレンジエクステンダーが稼動し、走行を続けるのである。

次世代自動車の普及が急速に進まない原因の一つに、航続距離の短さが挙げられる。レンジエクステンダーは、その問題を解消する有効な機能として、注目されているのだ。

また、ゼネラル・モーターズには、アメリカ・エネルギー省（ＤＯＥ）が掲げる輸送用機器の電気動力化政策により、アメリカ再生・再投資法を根拠とした、三〇〇〇万ドル強の多額の助成金が入ってくる。これを活用して、カリフォルニア州では、電力会社、ガス会社、水道会社、そしてアメリカ電力中央研究所（ＥＰＲＩ）と提携し、電気自動車の普及のための実証実験とインフラの構築を進めている。

ゼネラル・モーターズは、アメリカの自動車メーカーの先陣を切り、二〇一〇年末にカリフォルニア州でシボレー・ボルトの発売を開始。他の市場にも、積極的に展開していく方針を固めているという。

およそ、世界の自動車メーカーの多くは二〇一〇年から二〇一二年を起点に、次世代自動車の展開を本格的に図っていく流れにある。世界中で次世代自動車普及の狂騒劇が演じられ、自動車レースさながらの開発・普及レースがスタートしたのである。

混戦模様の太陽光発電

近年、次世代自動車とともに急速に普及し、競争が激化している分野がある。それが、太陽光発電によるエネルギー利用だ。

民主党が政権を奪取する以前、自民党の麻生太郎《あそうたろう》政権下では、日本の二〇二〇年時点の温室効果ガス削減の中期目標を、二〇〇五年比一五パーセント削減（一九九〇年比にすると八パーセント減）と表明していた。そして、この削減率を達成するための具体策として考えられたのが、太陽光発電を現状の二〇倍に増やすことだった。

ちなみに、二〇〇六年の日本の太陽光発電の導入量は一七〇万キロワット。そのうち約八割にあたる一三七万キロワットが、一般住宅における太陽光発電によるものとなっている（二〇〇八年七月二四日、経済産業省による「太陽光発電の現状と今後の政策の方向性」より）。

その後、自民党から民主党へ政権が交代。二〇〇九年九月に鳩山由紀夫首相（当時）が表明した、日本の温室効果ガス削減の中期目標では、二〇二〇年までに一九九〇年比で二五パーセント削減を目指すとした。

このように、自民党案を一七ポイントも上回る温室効果ガス削減目標を掲げているわけだから、当然、太陽光発電の導入も自民党の「現状の二〇倍」を上回る普及が求められてくる。

経済産業省が二〇〇八年五月に公表した「長期エネルギー需給見通し」では、「二〇二〇年に現状の一〇倍、二〇三〇年に現状の三七倍の太陽光発電の導入を達成するためには、二〇二〇年に新築持家住宅の七割以上、二〇三〇年には新築戸建住宅の約八割が、太陽光発電を採用することが必要」としている。

それを考えると、見通し以上に多くの住宅に太陽光発電を導入しなければならないことが見えてくる。

ではここで、太陽電池生産の国別シェア（二〇〇七年度統計二〇〇八年経産省資料）を見てみよう。世界の太陽電池の総生産量は三七三三メガワット。そのうち日本は実に九二〇メガワットを生産しており、全体の二四・六パーセントを占めている。すなわち、世界生産量のおよそ四分の一にあたるシェアを誇っているのだ。

続いて中国が八二二メガワット（シェア二二パーセント）、ドイツが七三八メガワット（シェア一九・八パーセント）、アメリカが三八二メガワット（シェア一〇・二パーセント）、台湾が三六八メガワット（シェア九・九パーセント）。その他の国が、計五〇四メガワット（一三・五パーセント）という順位となっている。

このように、国別では中国、アメリカをもしのぎ上位を走る日本だが、企業別に太陽電池生産のシェアを見てみると、また違った様相を呈《てい》してくる。

企業別では、Qセルズ（ドイツ）が一〇・四パーセントのシェアでトップを走り、次いでシャープ（日本）が九・七パーセント。以下、サンテック（中国）八・八パーセント、京セラ（日本）五・五パーセント、ファーストソーラー（アメリカ）五・五パーセント、モーテック（台湾）五・三パーセント、三洋電機（日本）四・四パーセント、その他……という状況になっている。

新参入サムスン電子の脅威

まさしく、各社入り乱れての混戦模様にあるのが太陽光発電だ。さらに昨今では、韓国メーカーが追い上げをかけてきており、混戦に拍車をかけている。

その象徴といえるのが、世界最大級の規模を誇る韓国の家電メーカー、サムスン電子による太陽電池事業への進出だ。

二〇〇九年九月一四日、京畿道器興《キヨンギドキフン》の事業場で、結晶型太陽電池の研究開発ラインの稼働式を行い、サムスン電子は太陽電池事業へと足を踏み出した。そして、自社のホームページを通じて、このラインで得た技術をベースに、二〇一五年には太陽電池のマーケットでリーディング・ポジションを確保すると宣言したのである。

同じ韓国の現代重工業《ヒュンダイ》も、二〇〇八年に生産を開始した太陽電池生産のキャパシティを、二〇〇九年末までに三三万キロワットに拡大している。その他、韓国メーカーのSTXソーラー、LG電子なども、太陽電池事業を拡大する予定だ。

このように、サムスン電子の参入、現代重工業の事業拡大など韓国企業の精力的な動きは、世界の太陽電池事業ビジネスにとって、大きな脅威となっている。

ところで、一口に「太陽電池」といっても、その種類はさまざまだ。

単結晶シリコンを素材にした「単結晶シリコン太陽電池」。多結晶シリコンを素材に作られる「多結晶シリコン太陽電池」。単結晶シリコンとアモルファスシリコンを組み合わせて作られる「HIT太陽電池」。アモルファスシリコンを素材とした「薄膜シリコン太陽電池」。さらにインジウム(In)、ガリウム(Ga)、セレン(Se)といったレアメタルを素材にした「CIGS系薄膜太陽電池」。このように、素材も技術も多種多様である。

そして日本は、これらの太陽電池をすべて製造している。しかも、二〇〇九年五月二二日、三洋電機は実用サイズとなる一〇〇平方センチメートル以上のHIT太陽電池で、結晶シリコン系太陽電池セルの変換効率として世界最高数値を研究レベルで達成したことを公表した。

「変換効率」とは、太陽光発電によって得たエネルギーを電気エネルギーに変換し、回収（利用）する際の変換割合のことである。そして、太陽電池のパネルに照射された太陽光のうち、何パーセントを電力に変換できるか、その効率を知る目安となる。

端的にいえば、変換効率が高ければ高いほど、より効果的に電気エネルギーを作ることができるわけだ。

三洋電機が研究で実現した変換効率は、二三・〇パーセント。これは従来の数値を大きく上回るものであり、日本の電機メーカーの高い技術力を証明する好例といえよう。

このように再生可能エネルギーのなかでも、太陽光発電は近い将来、世界的にその導入が拡大していくと見なされている。各国間で競争が激しくなるエネルギー分野ではあるが、だからこそ日本の高い技術力に期待がかかってもいるのだ。

新エネルギーの核心技術は何か

前述してきたように、世界各国が掲げる環境経済政策では、太陽光や風力などの再生可能エネルギーの利用、省エネルギー・高効率機器の開発・普及が、施策の大きな柱として挙げられている。そして、これらの施策を実現するために、絶対必要な「コア（核）」となる環境エネルギー技術がある。それが「蓄電池技術」だ。

たとえば、再生可能エネルギーとして期待の高まる太陽光発電だが、問題点を一つ挙げるとすれば、あくまで「お天気任せ」であるという点だ。

文字通り、天気のよい日、太陽が強く照りつける日は盛んに発電するが、曇りや雨の日などは発電できず、これは大きな弱点となる。また風力発電にしても「風任せ」であり、風が強い日はよくても、風が弱い日や無風の日などはどうしようもない。

これに対して火力発電は、供給と消費の仕方に決定的な違いがある。

発電所で生み出された電気エネルギーは、送電網に流され、ただちに各所で消費されていく。これが火力発電などの化石燃料を使った発電・電力消費構造であり、電力量の調整は「川上」となる発電所で、その発電量を調整することでやりくりしている。このように、燃料となる化石燃料さえあれば、好きな時に好きなだけ発電できるというわけだ。

しかしながら、自然任せの太陽光や風力の再生可能エネルギーでは、川上である発電所での発電量の調整ができない。そこで天気がよい日、風がよく吹く日に作った電気をどこかに蓄えておき、必要な時に必要な分をそこから出していくことが求められてくる。

そして、この発想で注目されているのが、リチウムイオン電池に代表される蓄電池の技術である。省エネ・高効率機器の開発・普及の行く末を、この蓄電池の技術向上が左右するといっても過言ではない。

たとえば次世代自動車であれば、ハイブリッド車でもプラグインハイブリッド車でも、そして電気自動車でも、電力を走行エネルギーとして利用することになる。電力はいずれも、再生可能エネルギーから生み出されたものであることが大前提だ。

そして、その電気エネルギーを、ニッケル水素電池やリチウムイオン電池など車載した蓄電池に充電し、走行パワーを得るのである。もし、この蓄電池の機能が脆弱《ぜいじゃく》かつ不安定だとしたら、車の持ち主は運転しようという気にはならないだろう。

今や次世代自動車において、この蓄電池技術は文字通り「核」となる技術として必要不可欠となっている。とくに電気自動車においては、一回の充電で得られる走行距離は車載用蓄電池の性能にかかっており、蓄電池技術は電気自動車の「核心技術」なのである。

次世代自動車メーカー各社は、こぞって電池メーカーと協力し、車載用蓄電池の開発競争を繰り広げている。そして、電気自動車の市販価格は、およそ三〇〇万円から四〇〇〇万円程度で展開されているが、そのコストの大半は車載用電池が占めているといわれるほどだ。

現在、各社はよりコストが低く、走行距離の稼げる高性能な車載用蓄電池の開発を目指し、躍起《やっき》になっている。車載用である以上、車内の居住空間を確保するため、蓄電池の省スペース化や安全性能の確保といった点も開発のポイントになるだろう。

もちろん次世代自動車に限らず、再生可能エネルギーの利用にしろ、省エネ・高効率機器の開発にしろ、すべては蓄電池技術があって初めて成し得るものだ。まさに蓄電池技術は、環境エネルギー技術の核心部ともいえるのだ。

南米の湖で産出されるリチウム

環境エネルギー技術の「核」となる蓄電池技術だが、その鍵となる鉱物資源がリチウム(Li)である。リチウムイオン電池は、ハイブリッド車に多く車載されているニッケル水素電池に比べて蓄電性が高く、走行距離を延ばすのに適している。このことから、次世代自動車の車載用蓄電池の大本命とされている。

リチウムイオン電池には、文字通りその原材料にリチウム(主に炭酸リチウム)が使われており、その多くは、チリやボリビアなど南米の塩湖で産出される。

世界的な需要増大が予想されているリチウムだが、とくにリチウム需要に影響を及ぼす次世代自動車の普及動向については、自動車メーカー、電池メーカー各社がさまざまな予測を立てている。その数値も、実に多種多様だ。

リチウムの需要が増大傾向であるという点では、各社の見方は一致している。たとえば、アメリカ・ノースカロライナに本社を置くリチウム資源会社FMC社では、次世代自動車の普及とリチウム需要見込みについて、二〇一〇年の次世代自動車販売台数見込み七七万四〇〇〇台に対し、それに必要なリチウムの需要は七六四トン（世界需要は七万トン）になると予測している。

続く二〇一五年には、販売台数見込み三四八万四〇〇〇台に対し、リチウム需要は一万七七六トン（世界需要は一二万トン）。さらに二〇二〇年になると、販売台数見込み一四四〇万三〇〇〇台に対し、リチウム需要は八万二八三〇トン（世界需要は二二万トン）にも上ると予想しているのである。

二〇一〇年からの一〇年間で、次世代自動車に使われるリチウムの需要は、何と一〇〇倍以上、そして世界需要についてはおよそ三倍になるというわけだ。

他にも、FMC社と並ぶリチウム資源会社大手のSQM社（本社はチリ）は、二〇〇九年の世界全体でのリチウム生産能力を、年間一五万五〇〇〇トンとしている。

ただし今後、世界のリチウム生産能力が向上しない限り、需要だけが増えていけば、二〇二〇年までに世界的なリチウム不足が起こってしまうのは明らかだ。現在、中国、アルゼンチン、カナダ、フィンランド、アメリカなどで、新たなリチウム鉱床の探査・開発が行われているが、果たして商業ベースで本格的な生産ができるかどうかは未知数だ。

また、独立行政法人石油天然ガス・金属鉱物資源機構（JOGMEC）は、二〇一〇年六月に、アメリカの資源ジュニア探鉱会社アメリカン・リチウム・ミネラルズ社と共同探鉱契約を締結《ていけつ》、ネバダ州ボレートヒル地区にあるリチウム鉱床の探鉱を行うことになった。

三年間で四〇〇万ドルの探鉱費用を負担することで、JOGMECはプロジェクトの四〇パーセントの権益を取得することができるうえ、生産物は権益比率に応じて引き取ることができる。

ただ、探鉱がうまく進めばよいのだが、ネバダ州ボレートヒル地区のリチウムは、ヘクトライトというリチウム含有粘土鉱物が主であるとされている。世界のリチウム生産の多くは、塩湖の鹹水《かんすい》から抽出《ちゅうしゅつ》する方法で行われており、ヘクトライトという粘土鉱物からのリチウム抽出はこれまでにあまり例がない。

「山師《やまし》」という言葉があるように、ただでさえ鉱床開発は伸《の》るか反《そ》るかの不確実なものなのだが、これまで実績のない鉱物の開発となると、結果を予測するのはさらに難しくなる。

こうした状況下で、各国は将来のリチウム不足を懸念《けねん》して、すでに動き出しているのだ。自動車メーカー、電池メーカー、そして資源商社など関係各社は、チリ、アルゼンチン、ボリビアなど、目ぼしいリチウム鉱床がある国に進出し、激しい資源の争奪戦を繰り広げている。また、韓国、フランス、中国などはいち早く、企業単位ではなく国家レベルで資源国との交渉を始めているのだ。

市場を席巻する日本の蓄電池技術

さて、リチウム電池を核とした蓄電池技術、日本の実力はいかがなものなのだろう。その答えを知るには、私たちの生活に今や欠かせなくなったアイテムに目を向ければいい。そう、携帯電話だ。

環境に優しい次世代自動車に搭載する電池として、リチウムイオン電池の有効性をこれまで説明してきたが、携帯電話に使われる小型電池にも、このリチウムイオン電池が多く使われている。そして、日本で大量に生産されるリチウムイオン電池の世界シェアは、二〇〇八年の時点で何と四八パーセントを達成しており、完全に抜きん出ていることが分かる。

しかも、リチウムイオン電池本体のみならず、その構成品となる「セパレーター」でも日本企業が世界シェアのおよそ五〇パーセントを占めている。リチウムイオン電池に関していえば、日本は世界市場を完全にリードしているといっても過言ではないのである。

ちなみに、リチウムイオン電池は、リチウム、コバルト（Co）などの酸化物材料を使用した正極と、炭素材料を使った負極、さらにそのあいだに充塡《じゅうてん》された電解液の三つの要素で成り立っている。電池のなかのリチウムイオンが正極と負極のあいだを行き来することで、充電と放電を繰り返す。これがリチウムイオン電池が生み出すパワーの仕組みだ。

そして「セパレーター」とは、その正極と負極のあいだのリチウムイオンの移動を妨《さまた》げずに両極を分離し、イオンの接触によるショートを防止する重要な構成品なのである。したがって、セパレーターの開発技術においてもトップを走る日本が、リチウムイオン電池の世界マーケットのほぼ半分を占めることができるのは、当然といえば当然だろう。

繰り返しになるが、リチウムイオン電池は携帯電話だけでなく、次世代自動車にも搭載されるエネルギー源として今後大いに注目、活用されていく存在だ。しかも、技術の発達でさらなる大型化が進めば、太陽光、風力などの再生可能エネルギーを蓄電するための定置型大容量蓄電池にもなる。

このことからも、日本がリチウムイオン電池の分野で、今後もリーディング・ポジションを取り続けることがいかに重要か理解していただけるだろう。

そして、リチウムイオン電池以外にも、環境エネルギー技術に利用される蓄電池として期待される存在はまだある。主にニッケル水素電池、ＮＡＳ電池（ナトリウム硫黄電池）などだ。

これらは、従来の鉛電池やニッケルカドミウム電池に比べ、エネルギー密度、放電出力時間、耐用寿命においてはるかに優れている。ゆえに、再生可能エネルギーの蓄電や省エネ・高効率機器に使用する蓄電池には最適の存在といえるだろう。

実際、大型ニッケル水素電池を用いたハイブリッド自動車についても、日本車は世界シェアで何と約九四パーセントを占有。日本はこの分野でも独走態勢を築いており、さらなる市場拡大と発展に期待したいところである。

日本人と鉱物の古代からの絆

環境保護と新たなエネルギー技術のために、太陽電池やリチウムイオン電池などの蓄電池の開発、さらに、それらを利用した次世代自動車の普及は、今や世界中で大きな広がりを見せ始めている。さて、これらの技術に欠かせない金属類の資源は、すべて鉱物から採取されるわけだが、この鉱物と日本人のつながりは実に古い。古来より、日本人は鉱物を利用して生活し、鉄器や青銅器《せいどうき》の普及こそが、日本人の暮らしにそれまでは得られなかった豊かさをもたらしたのだ。

日本人と鉱物の歴史を振り返ると、その起源は人類史上で最古の時代——すなわち旧石器時代にまでさかのぼることができる。

当時、地球上にまだわずかしか存在しなかった人間の祖先は、いつしか石を道具として使うことを覚える。さらには、その石を巧みに加工して石斧《せきふ》を作り、黒曜石《こくようせき》を砕いて矢じりを作ったりした。その後、ナイフ形の石器を用いて、狩りや漁を行うようになる。

弥生《やよい》時代の中期になると、木製の農耕具を作製する道具として鉄器が使われ始め、水田稲作の発展につながった。それまで石器で農耕具を加工・作製していた頃よりも格段に効率がアップし、ほぼ同時に青銅器も作られるようになる。青銅製の銅剣《どうけん》、銅鉾《どうほこ》といった武器や、祭祀《さいし》に使う銅鐸《どうたく》、鏡なども発明され、結果、日本人の暮らしはますます便利になっていく。

石、つまりは鉱物から金属を取り出して利用する技術が、はるか昔の日本ですでに生まれていたことに、驚嘆の念を禁じ得ない。鉱物利用の進歩とともに、日本人のライフスタイルは変化し、多様性を獲得してきた。そして、鉱物が人間の生活に欠かせないのは、現代においても何ら変わることはない。

それでは、現代の我々に豊かさと新たな可能性をもたらす鉱物資源とは何か。その一つが「レアメタル」なのである。

このレアメタルについて、経済産業省では「地球上の存在量が稀《まれ》であるか、技術的・経済的な理由で入手が困難な金属のこと。現在、工業用需要があるものや、今後の技術革新により工業用需要が予測される金属」と定義している。

先に述べたリチウムイオン電池のリチウムや、電気自動車のモーターに使われるレアアースなどは、すべてレアメタルである。このことから分かるように、レアメタルは環境エネルギー技術を実現させるために、なくてはならない重要なファクターなのだ。

族 ＼ 周期		1	2	3	4	5	6	7
ⅠA	アルカリ族	1 H 水素	3 Li リチウム	11 Na ナトリウム	19 K カリウム	37 Rb ルビジウム	55 Cs セシウム	87 Fr フランシウム
ⅡA	アルカリ土族		4 Be ベリリウム	12 Mg マグネシウム	20 Ca カルシウム	38 Sr ストロンチウム	56 Ba バリウム	88 Ra ラジウム
ⅢB	希土族				21 Sc スカンジウム	39 Y イットリウム	57〜71 ランタノイド	89〜103 アクチノイド
ⅣB	チタン族				22 Ti チタン	40 Zr ジルコニウム	72 Hf ハフニウム	
ⅤB	バナジウム族				23 V バナジウム	41 Nb ニオブ	73 Ta タンタル	
ⅥB	クロム族				24 Cr クロム	42 Mo モリブデン	74 W タングステン	
ⅦB	マンガン族				25 Mn マンガン	43 Tc テクネチウム	75 Re レニウム	
Ⅷ	鉄族（4周期）白金族（5・6周期）				26 Fe 鉄	44 Ru ルテニウム	76 Os オスミウム	
					27 Co コバルト	45 Rh ロジウム	77 Ir イリジウム	
					28 Ni ニッケル	46 Pd パラジウム	78 Pt 白金	
ⅠB	銅族				29 Cu 銅	47 Ag 銀	79 Au 金	
ⅡB	亜鉛族				30 Zn 亜鉛	48 Cd カドミウム	80 Hg 水銀	
ⅢA	アルミニウム族		5 B ホウ素	13 Al アルミニウム	31 Ga ガリウム	49 In インジウム	81 Tl タリウム	
ⅣA	炭素族		6 C 炭素	14 Si ケイ素	32 Ge ゲルマニウム	50 Sn スズ	82 Pb 鉛	
ⅤA	窒素族		7 N チッ素	15 P リン	33 As ヒ素	51 Sb アンチモン	83 Bi ビスマス	
ⅥA	酸素族		8 O 酸素	16 S イオウ	34 Se セレン	52 Te テルル	84 Po ポロニウム	
ⅦA	ハロゲン族		9 F フッ素	17 Cl 塩素	35 Br 臭素	53 I ヨウ素	85 At アスタチン	
O	不活性ガス族	2 He ヘリウム	10 Ne ネオン	18 Ar アルゴン	36 Kr クリプトン	54 Xe キセノン	86 Rn ラドン	

レアアース（RE）

レアメタル

ランタノイド
57 La ランタン
58 Ce セリウム
59 Pr プラセオジム
60 Nd ネオジム
61 Pm プロメチウム
62 Sm サマリウム
63 Eu ユウロピウム
64 Gd ガドリニウム
65 Tb テルビウム
66 Dy ジスプロシウム
67 Ho ホルミウム
68 Er エルビウム
69 Tm ツリウム
70 Yb イッテルビウム
71 Lu ルテチウム

図表1　レアメタル31鉱種（レアアースは17鉱種を総括し1鉱種とする）

※出典：総合資源エネルギー調査会鉱業分科会レアメタル対策部会

ところで、読者の皆さんの多くは、レアメタルを単に「入手困難な希少金属」と認識しているのではないだろうか。確かにそれは間違いではないのだが、実はレアメタルには確固とした定義や学術的な分類はない。

その定義は国によってさまざまで、使われ方も千差万別。現在、経済産業省では前述したリチウムやレアアースを含め、三一鉱種（レアアース類は一七鉱種で一鉱種）を「レアメタル」として指定しているのである（図表1）。

では、こうしたレアメタルは、主にどのような用途に使用されるのだろうか。次章から環境エネルギー技術として、今後、ますます普及が見込まれる次世代自動車を例に取ってみることにする。

第二章　激化する金属資源争奪戦争

次世代自動車はレアメタルの塊

次世代自動車はそれそのものが、レアメタルの集合体といっていい。まず、次世代自動車の核となるパーツ、蓄電池。たとえば、ニッケル水素電池にはニッケル（Ni）、コバルトなどが、リチウムイオン電池にはリチウム、コバルトなどが使用されている。

そして、燃料電池車は、水素（H）と酸素（O）から作る電気エネルギーを動力として走るのだが、その触媒や電極にはプラチナ（Pt）を必要とする。

また、自動車の駆動装置であるモーターには、ネオジム（Nd）、ジスプロシウム（Dy）、サマリウム（Sm）、テルビウム（Tb）といったレアアース類が欠かせない。これらは、モーターに使われる磁石材の原料となる。

ヘッドライトやテールランプに使用され、省エネ化の期待が高いLEDライト。これには、ガリウムやインジウムが使われ、液晶ディスプレイパネルの省エネ化にもインジウムが使われている。

さらに、燃費効率を高めるために車体を軽くすることも、次世代自動車には必須の条件だ。この作業のために、クロム（Cr）、マンガン（Mn）、モリブデン（Mo）、バナジウム（V）、ニオブ（Nb）、チタン（Ti）などが車体鋼板に添加され、車体の軽量化のみならず、

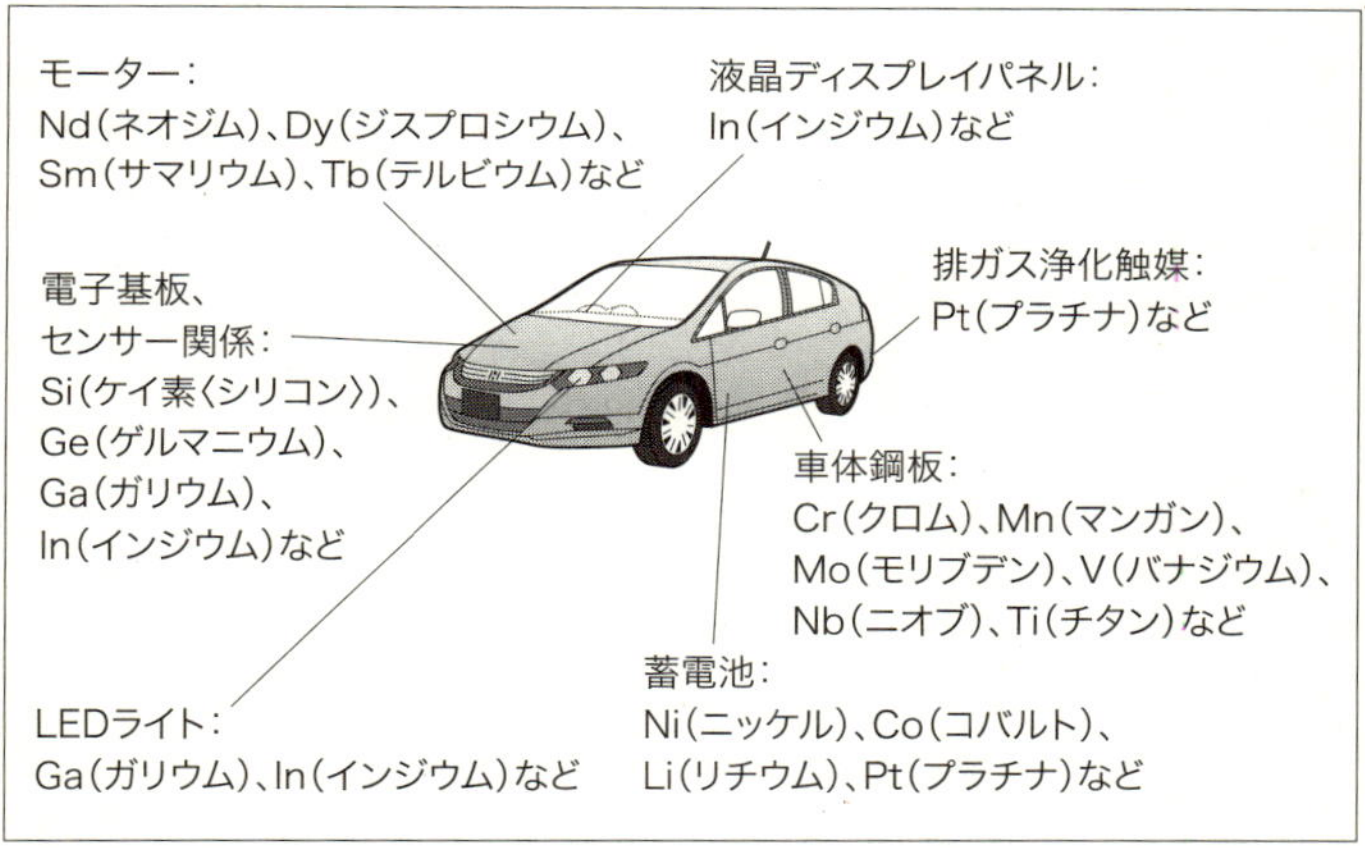

図表2　次世代自動車に使われるレアメタル例

高強度化にも威力を発揮している。

その他にも、排ガス浄化触媒にプラチナなどの白金族《はっきんぞく》が、電子基板やセンサー系にはケイ素（Si：シリコン）、ゲルマニウム（Ge）、ガリウム、インジウムなどが使われている。

レアメタルが活用されるのは、何も自動車本体ばかりではない。自動車製造用の工具や工作機械にまで、幅広く利用される。たとえば、工具に使われる特殊合金にはタングステン（W）やコバルト、タンタル（Ta）などが、工作ロボットに使われる多様なモーター類にはネオジム、ジスプロシウム、サマリウムといったレアアース類が原料として使用されている。

このように次世代自動車一つを例に取っても、レアメタルなしで製造することは不可能であることが分かる。電気自動車やハイブリッド車を環境保全の担い手とするならば、レアメタルはその出発点として絶対不可欠なのである（図表2）。

これほど重要な金属資源であるレアメタルだが、現在、日本はこれらの多くを海外からの輸入に依存している。国土が狭いゆえに、地中に存在する地下資源が日本には乏《とぼ》しいのは致し方のないことなのだが、外国からのレアメタル輸入に頼ることで、世界をリードする高い技術力を発揮できているのは、いささか皮肉な話でもある。

それでは、主にどの国から日本はレアメタルを輸入しているのだろうか。たとえば、次世代自動車のモーター、あるいは風力発電のモーターに使用されるレアアース類は、すでに触れたようにそのおよそ九割を中国からの輸入に頼っている。多くの関係者が中国への強い依存については危惧《きぐ》しているが、明確な代替策《だいたいさく》は見出せていない。

また、リチウムイオン電池の原材料となるリチウムは、約七割をチリから輸入している。チリは世界最大のリチウム生産国で知られ、世界全体のリチウム生産量の約四〇パーセントを占めている。チリの生産状況がリチウムの需給動向に影響を及ぼすともいわれ、生産量だけでなく資源量も世界最大級を誇っているのだ。

日本にとって怖いのは、これら鉱物資源を大量に保持する国による資源の囲い込みである。資源保有国がその輸出先を選別する、あるいは輸出量を制限する、いわゆる資源ナショナリズムの力学に支配されると、日本にも供給制限の悪影響が少なからず出るだろう。

次世代自動車や、さまざまな環境エネルギー技術を利用した製品が日本で生産できなくなり、せっかくの技術力を発揮できる機会も失われてしまう。それは非常に惜しいことだ。

こうした不安は常に日本国内にくすぶっていたのだが、二〇一〇年、それが一気に現実味を帯び、我々日本人を襲った。第一章の冒頭でも述べた、尖閣諸島事件がそれである。

レアアースは本当に「レア」か

周知の通り、尖閣諸島は紛《まぎ》れもない日本の領土だ。したがって、日本の領域に侵入し、違法操業を行っていた中国漁船を取り締まるのは当然のことである。しかし、中国サイドは「尖閣諸島は中国の領土だ！」という理解しがたい主張を振りかざし、日本の対応に反発するという強硬な姿勢を取った。

なぜ、このようなことになるのだろうか。

そもそも、中国が尖閣諸島の領有権を主張し始めたのは、一九六九年に国連アジア極東経済委員会が、「尖閣諸島の近海に埋蔵量豊富な油田がある可能性が高い」と発表してからだ。明らかに中国は、石油の利権ほしさに領有権を主張し続けているわけで、同国独特の強烈なパーソナリティーをここでも垣間見《かいまみ》ることができるといえるだろう。

とにもかくにも、この事件以降、中国から日本へのレアアース輸出が実質的に禁止される事態に陥《おちい》ってしまった。中国は世界中にレアアースを供給しており、そのシェアは約九〇パーセントというまさに寡占《かせん》状態。日本もそのほとんどを中国から輸入しており、産業界を中心に大激震が走ったのは、前述した通りだ。

その後、一部で輸出禁止が解除されたものの、いまだに中国と日本のあいだでは緊張状態が続き、もはやレアアース問題は国民的な関心事の一つとなっている。

日本の発展に大きな意味を持つレアアースだが、中国にとってのそれは、間違いなく国家の戦略物資に他ならない。

一九九二年には、当時大きな影響力を持っていた鄧小平《とうしょうへい》が、中国の南部地域を視察した際、中国のさらなる改革・開放を唱えた講話のなかで、次のような言葉を残している。

「中東に石油があるように、中国には希土（レアアース）がある！」

石油供給を戦略的にコントロールし、世界経済に大きな影響を与えている中東のように、レアアースを戦略的に扱えば、やがて中国も世界を動かすことができる。そんな、鄧小平の自信がうかがえるだろう。

だが、ここで大きな疑問が湧《わ》く。鄧小平の発言を聞くと、あたかもレアアースは中国でしか採取されない鉱物資源であるかのように思えてしまうが、果たして本当にそうなのだろう

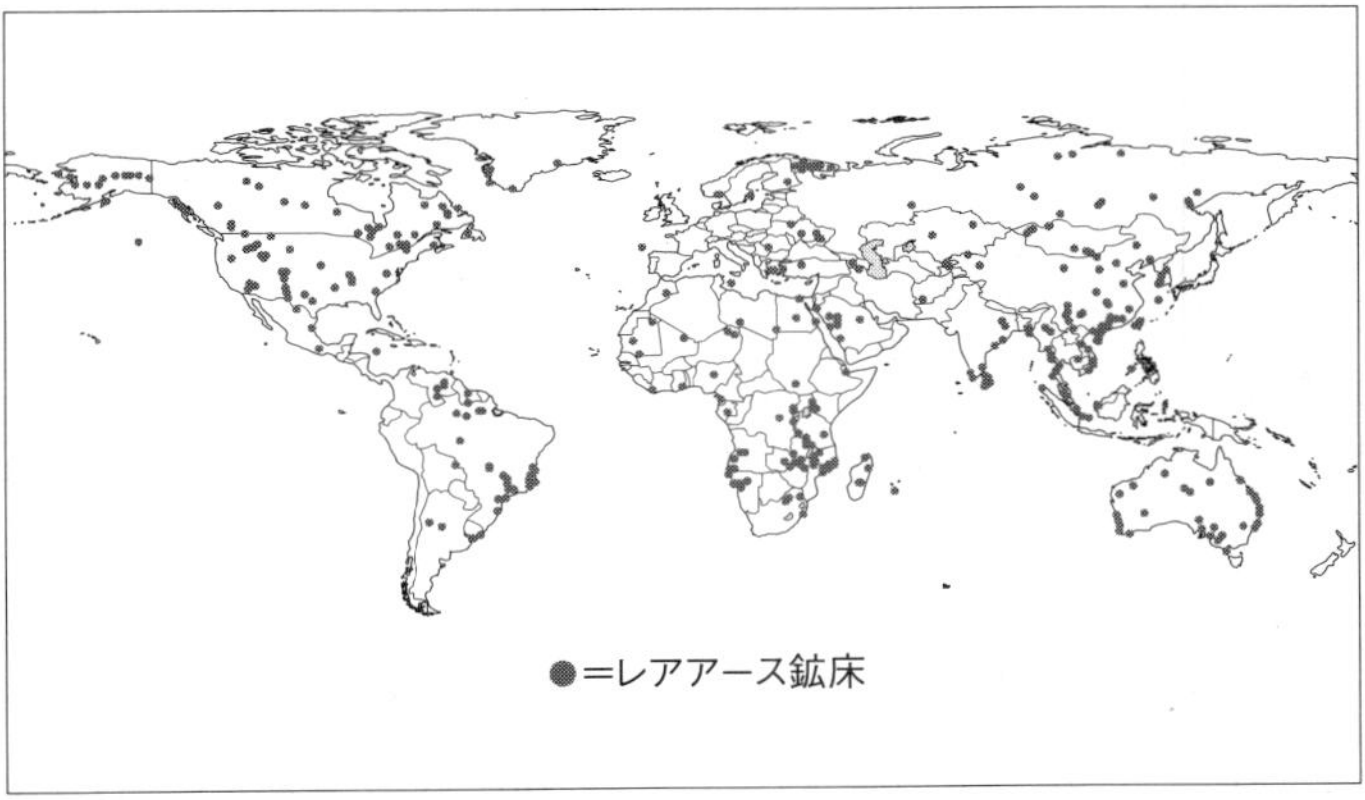

図表3　レアアース資源の世界分布

※出典：U.S. Geological Surveyの資料をもとに作成

か。第一、「レアアース」と呼ばれているが、本当に「レア（希少《きしょう》）」なのだろうか。答えは「ノー」だ。

レアアースは実はそれほど希少ではなく、それは国別の埋蔵量を見ればよく分かる。中国のレアアース埋蔵量は、実際のところ世界の三〇パーセント程度で、残りのおよそ七〇パーセントは中国以外の国々に存在しているのだ（図表3）。

ところが、国別生産量を見ると、中国のレアアース生産量は世界シェアでおよそ九〇パーセント。

なぜ、このような摩《ま》訶《か》不《ふ》思《し》議《ぎ》な現象が起きてしまうのだろうか。そこにこそ、中国のレアアースに懸ける戦略性を見ることができるのである。

鉱物資源を買い漁る怪物・中国

かつて、レアアースは中国だけでなく、アメリカを始めとするさまざまな国で生産されていた。しかし、一九八九年から一九九〇年代にかけて、中国が価格の安いレアアースを大量に市場に投入するというダンピング攻勢に出たのである。

他国とのレアアース競争で優位に立つため、中国は凄まじい勢いで、国際価格より安く鉱物資源を売りさばいていった。その結果、どうなったか。中国以外のレアアース鉱山は採算が合わなくなり、軒並み閉山に追い込まれていったのである。

たとえば、アメリカのモリコープ社が経営するカリフォルニア州マウンテンパス鉱山は、当時多くのレアアースを生産していたが、一九九八年に閉山してしまった。また、オーストラリアで行われていた同国初のレアアース探査計画、「マウント・ウェルド・プロジェクト」も資金繰りが難しくなり、二〇〇九年二月に凍結されている。

このように、世界のレアアース鉱山や開発プロジェクトが次々と閉山、または休止・中断の憂《う》き目に遭《あ》い、その一方で中国はレアアースの生産をほぼ独占することに成功したのである。社会主義国の中国が、市場経済の原理を巧みに利用し、マーケットを独占してしまったというわけだ。

しかも、中国のレアアース支配に向けた動きは価格攻勢だけにとどまらない。二〇〇九年五月、オーストラリアの資源開発企業の大手、ライナス社から、次のようなニュースが世界中に発信された。中国の非鉄金属企業である中国有色鉱業集団有限公司が、同社株式の五一・六パーセントを取得する、というのである。「非鉄金属」とは、鉄（Fe）と鋼以外の金属すべてのことだ。

ちなみに、このライナス社の主力プロジェクトが前述のマウント・ウェルド・プロジェクトだ。中国のダンピング攻勢の影響で凍結したプロジェクトが、今度はその国の企業から多額の融資を受けることで再開できるかもしれない――。マウント・ウェルド・プロジェクトにかかわっていた人々は、複雑な思いで一連の出来事を見つめていたのではないだろうか。

いずれにせよ、このニュースが発信された瞬間から、中国は海外のレアアース会社を傘下《さんか》に収めることで、レアアース市場のさらなる寡占化を目指していると、世界中が注目した。

ところが、結局のところ、中国企業のライナス社支配は失敗に終わる。

豪州外国投資審査委員会が国益の観点から、新たな鉱山開発を行う企業への外資出資率を、五〇パーセント未満にするという新規制を導入したのである。この規制改正を受けて、二〇〇九年九月、中国有色鉱業集団有限公司はライナス社への出資を撤回することになった。

中国のレアアース独占の動きに対して、新たな規制を作ってでも阻止したい……。そんなオーストラリア政府の思惑が見え隠れするこの騒動は、中国を中心に激化の一途《いっと》をたどるレアアース競争の一端を見せつけたといえるだろう。

レアアース中国支配のカラクリ

ライナス社との株式取引の一件を見ても、世界のレアアース獲得競争は、中国を中心に動いている。ではなぜ、中国はここまで強気の姿勢を取ることができるのか。そして、日本を含め、なぜ、世界は中国からの輸入に依存せざるを得ないのだろうか。

その理由を探る前に、レアアースについて少し詳しく解説しよう。

実は「レアアース」とは、一七種類の元素の総称である。さらにそれは、「軽希土類《けいきどるい》」と「中・重希土類」の二種類に区別されるという、少々ややこしいものとなる。

たとえば、軽希土類には、セリウム（Ce）、ネオジム、サマリウムといった元素があり、中・重希土類には、ガドリニウム（Gd）、ジスプロシウムなどがある。

また、軽希土類は、鉄酸化物型鉱床《こうしょう》、カーボナタイト型鉱床、漂砂型鉱床《ひょうさがた》などの鉱床から産出され、世界的にも広く分布している。今後、開発が進めば、新たな鉱床も発見される可能性が高く、中国以外のレアアース供給源を獲得できる可能性があるのだ。

一方、中・重希土類は、主にイオン吸着鉱《きゅうちゃくこう》、アルカリ岩《がん》型鉱床といった鉱床から産出される。ただし、アルカリ岩型鉱床からの中・重希土類の抽出《ちゅうしゅつ》は、イオン吸着鉱からの抽出に比べコストが高く、抽出技術も確立されていない。このことから、中・重希土類の供給源はイオン吸着鉱からの産出に偏《かたよ》っているという実情がある。

そして、そのイオン吸着鉱は、主として中国南部の鉱床に偏在しており、中・重希土類に関しては中国からの供給に頼らざるを得ないわけだ。これが、「レアアースは中国に握られている」といわれる大きな理由である。

中・重希土類は、次世代自動車のモーターや原子炉の中性子遮蔽材《しゃへいざい》に活用される鉱物だ。日本に限らず、世界中が欲《ほっ》している鉱物資源なので、中国が強気になるのもよく分かる。

さらに問題を複雑にしているのが、レアアースを開発すると、その生産過程で「トリウム」という物質が発生することだ。

トリウムは、ウランの他に天然に得られる放射性物質である。その処理、管理には厳重な注意を払う必要があり、取り扱いを誤れば環境問題を引き起こす可能性がある。もちろん、人体にも被害を及ぼす可能性がある。

トリウムはウラン以外では自然界に存在する、唯一の親核種《おやかくしゅ》だ。親核種とは、ある放射性核種が放射性崩壊して別の核種に変化した時、そのもととなるものを指す。そして近年、ウランに替わる原子力燃料としての可能性が検討されているのである。

このトリウムを原子炉燃料として使用する原子力発電のために、インドがレアアースを採掘している。日本ではレアアース採掘の際に発生したトリウムは厄介な存在とされているが、インドでは原子力燃料としてのトリウムの採取が目的でレアアースを掘っている。実際にインドではこのトリウムを用いた原子力発電で、全発電量のおよそ一パーセントをまかなっているという。

現在、ウランを燃料とした原子力発電が主流であり、トリウムを利用した原子力発電はまだまだ普及には至っていない。しかしトリウムが厄介な廃棄物ではなく、原子力燃料としての利用価値が高まれば、これまでトリウムが問題で採掘ができなかった鉱床での開発も進む可能性がある。

中国支配の二つのシナリオ

取り扱いを誤れば、自然環境や人体に悪影響を及ぼすレアアース。とはいっても、レアアースの世界需要は、環境エネルギー技術の普及とともに、今後ますます勢いを増していくであろう。先進国を始め、ロシア、ブラジル、インドといった新興国も参戦するビッグゲームが、いよいよ幕を開けたのである。

そのなかにあって、鍵を握る国の一つが中国だ。レアアースの一大生産国であると述べたが、近年ではレアアースの消費国としてもその成長は著《いちじる》しい。その証拠に、一九九〇年の同国のレアアース消費量は七二五六トンだったのに対し、約二〇年後の二〇〇八年には七万二五五〇トンと、消費量は何と約一〇倍にまで膨れ上がっている。

このように国内でのレアアース需要が高まれば、当然、中国は海外への輸出量に制限をかけ始める。

尖閣諸島事件が起きる以前の二〇一〇年七月、中国政府は日本へのレアアースの輸出量を大幅に減らすと発表した。実際どのくらい減らされたのかというと、二〇〇九年度の五万トンに対し、二〇一〇年度の輸出枠は三万トン。実に四割減だ。

事態を重く見た日本政府は、同年八月に北京《ペキン》で開催された日中ハイレベル経済対話にて、中国政府にレアアースの輸出規制緩和を申し入れた。だが、中国は輸出枠拡大にともなう資源開発が自国の環境破壊につながるとの理由で、申し入れを拒否したのである。

もちろんこれは表向きの理由で、専門家は中国の根幹的な狙いは環境問題とは別にあると見ている。中国が輸出枠を削減する根幹の理由、そして今後のシナリオは、主に次の二つに絞《しぼ》られるのではないだろうか。

・今後増え続けるであろう、自国産業の需要を優先させるため
・世界需要の九割をまかなっている自国のレアアースの価値を高め、戦略物資化する。レアアースを、外資と技術を手に入れるうえでの切り札とするため

ただし、レアアースの採掘により環境被害が出ているのも事実だ。中国での採掘は、レアアースが埋蔵されている山（鉱床）に酸性の薬品を流しかけ、溶け出した液体を貯留池《ちょりゅうち》に溜め、そこから鉱物資源を抽出するという方法が一般的である。その際、流れ出した溶解液が河川を汚し、土壌汚染を引き起こす原因になってしまう。

さらに、前述した放射性物質トリウムの発生も、環境に大きな影響を与えるとして懸念《けねん》材料になっている。

こうした環境問題を背景にした中国の対応に対し、これといった交渉材料を持ち合わせていない日本の申し入れは、まったく聞き入れられなかった。しかもタイミングが悪いことにその直後、例の尖閣諸島事件が起きてしまう。これで、中国からの実質的なレアアース輸出はストップしてしまったわけだ。

一連の出来事は、日本政府にとってはまさに泣きっ面《つら》に蜂。しかし、日本に対して中国が、戦略物資であるレアアースを初めて「外交のカード」として切ってきたことは、大いに

注目すべきだろう。いわば、レアアース供給におけるチャイナリスクが、世界中に露見《ろけん》した瞬間ともいえるからだ。

本書を執筆している二〇一一年一月現在も、中国からのレアアース輸出正常化の見通しは明確に示されていない。日本への供給不安は依然残り、産業界も落ち着かない日々を過ごしている。

そんな日本に対し、中国は従来の資源を切り売りする資源ビジネスから脱却する態勢を整え始めている。「切り売り」から、自国の資源を活用した高い付加価値を持つ製品を生産・販売するビジネスへと大きく方向転換していくはずだ。そうしたなかで重要なポジションを占める資源の一つが、レアアースであることは間違いない。

EUが分析した危険な金属

ところで、「クリティカルメタル」と呼ばれる金属がある。

尖閣諸島事件以来、「レアメタル」「レアアース」といった言葉は、今や多くの日本人にも知られることになったが、「クリティカルメタル」はまだ一般的には聞きなれない言葉ではないだろうか。

クリティカルメタルとは、英語で「Critical Metal」と書き、直訳すると「危険な金属」

となる。「危険」とはいっても、別に爆発したり、有毒ガスをまき散らしたりするわけではない。すなわち、「資源リスクを持つ金属」という意味だ。

それでは、「資源リスク」とは何か。その解釈は人によってさまざまだが、簡単にいうと「産業や経済活動において極めて重要であるにもかかわらず、資源としての供給リスクが高い」ということになる。

つまり、産業上は必須でありながら、資源量が少ない、精製が困難、市場価格が高騰《こうとう》しているなどの理由から、代替が利かない金属をクリティカルメタルと呼ぶのである。

二〇一〇年六月一七日、EU（欧州連合）委員会は、「Critical raw materials for the EU（EUにとって不可欠な原材料）」というレポートを公表した。これは欧州の資源戦略の一環として四一種類の鉱物を重要鉱物候補として挙げ、さらにそのなかから資源リスクの高い一四鉱種――クリティカルメタルを選定し、そのリスクを分析したものである。

そして、EUにとっての資源リスクは、次の三つの指標から分析されることとなった。「経済的な重要度」「供給不安のリスク」「環境におけるリスク」である。

まず「経済的な重要度」で選ばれた鉱物は、クロム、マンガン、バナジウム、ニッケル、亜鉛（Zn）、ボーキサイト、ニオブ、モリブデン、タングステン、アルミニウム（Al）など。これらは、EUにおいて重宝《ちょうほう》すべき鉱物であり、資源価値もとくに高いと見なされている。

次に「供給不安のリスク」という観点から選別すると、レアアース、白金族、ニオブ、ゲルマニウム、マグネシウム（Mg）、アンチモン（Sb）、ガリウム、インジウムなどが挙げられた。

そして最後の「環境におけるリスク」では、レアアース、ゲルマニウム、アンチモン、マグネシウム、ガリウム、ニオブ、ベリリウム（Be）、インジウムが選定されている。ちなみに、この「環境におけるリスク」とは、ＥＵがその鉱物を輸入している国、すなわち資源供給国側の環境リスクという意味である。

そして、これら三つの指標から導き出された鉱物のなかから、危険度の高いクリティカルメタルが選定された。それが、アンチモン、ベリリウム、コバルト、蛍石《ほたるいし》、ガリウム、ゲルマニウム、グラファイト、インジウム、マグネシウム、ニオブ、白金族、レアアース、タンタル、タングステンの一四種類の鉱物である。

これらのクリティカルメタルを見てみると、経済的な重要性もさることながら、供給不安が考えられる鉱物が多く選ばれていると気づく。アンチモンやガリウム、ゲルマニウムなどは、その供給の多くを中国に依存していることから、やはりＥＵも中国に対して強い危機感を抱いていることが分かる。

なかには、七割から九割近くを中国に依存している鉱物もあるので、ＥＵにとってはこれら一四種類の金属を非常に危険と考えるのは当然であろう。

アメリカが鍵と睨む鉱物

こうしたクリティカルメタルの検討は、欧州連合委員会だけで行っているわけではない。アメリカでも同様の検討がなされているのだ。

二〇〇七年、全米研究評議会がアメリカの産業、経済、安全保障にとって重要となる鉱物資源の検討を行った。その結果、レアアース、白金族、ニオブ、インジウム、マンガンなどの重要性が指摘されたのである。

全米研究評議会は、全米科学アカデミーのもとで科学研究を行う民間の非営利研究機関だ。その後、二〇一〇年一二月には、アメリカ・エネルギー省（ＤＯＥ）から「Critical Materials Strategy（危険材料戦略）」というレポートが公表されている。

このレポートは、中国の実質的なレアアース禁輸の動きが明らかになり、世界がレアアース資源におけるチャイナリスクを明確に認識するようになった直後に公表された（アメリカ・エネルギー省のスティーブン・チュー長官の署名入り）。資源外交という視点も含め、アメリカの今後の鉱物・金属資源における政策の方向性が読み取れるものといえる。

同レポートでは、アメリカが推進する環境経済政策、クリーンエネルギー経済におけるレアアースの役割と、その他の必要不可欠な鉱物を、ここでも「Key material（鍵となる物質）」としてまとめている。さらに、その鉱物のリスクについても詳しい分析がなされているのだ。

このような鉱物資源のリスク問題は、今やアメリカ一国の問題ではなく、国境や大陸を越えたグローバルな課題としてとらえられている。とくにアメリカ政府には、こうした問題を多国間にわたり、共通認識を持って対処していこうとする意識が強いのである。

ＤＯＥがまとめたレポート、「危険材料戦略」では、注目すべき環境エネルギー技術として次の四つを挙げている。

・風力発電用タービン、電気自動車用モーターに使われる永久磁石
・電気自動車用の高性能バッテリー
・太陽電池用の薄型半導体、高性能フィルム
・省エネ蛍光体

そして、おのおのの技術に不可欠となる鉱物を「鍵となる物質」としている。

まず、風力発電用タービンや電気自動車用モーターに使われる永久磁石には、レアアースのプラセオジム（Pr）、ネオジム、サマリウム、ジスプロシウムが鍵となる物質とされている。

同じように、電気自動車用の高性能バッテリーにはレアアースのランタン（La）、セリウム、プラセオジム、ネオジム、コバルト、そしてリチウムが。太陽光発電には、インジウム、ガリウム、テルル（Te）。省エネ蛍光体にはランタン、セリウム、ユウロピウム（Eu）、テルビウム、イットリウム（Y）が、鍵となる物質という位置づけだ。

さらに、レポートではこうした鍵となる鉱物のリスクについて、短期的、中長期的な視点の両方から、供給リスクと環境エネルギー技術における重要度をおのおの四段階で評価し、分析を行っている（段階が上がるごとに、供給リスク、環境エネルギーの重要度が高くなる）。

その分析によると、二〇一〇年から五年間の短期スパンで考えた場合、供給リスク、環境エネルギー技術における重要度が、ともにもっとも高い第四段階とされたのが、レアアースの重希土類にあたるジスプロシウムであった。

ジスプロシウムに続き、供給リスク、環境エネルギー技術における重要度がともに第三段階以上の鉱物は「クリティカル（リスクが高い）」とされた。レアアースのネオジム、テルビウム、イットリウム、ユウロピウムとインジウムが、五年間の短期スパンで見た場合、リスクを負《お》った鉱物として選ばれている。

一方、五年から一五年という中長期スパンで考えた場合、供給リスク、環境エネルギー技術における重要度が、ともにもっとも高い第四段階となったのが、やはりジスプロシウムだった。そしてこれに続く、重要度がともに第三段階以上のクリティカルな鉱物には、ネオジム、テルビウム、イットリウム、ユウロピウムが数えられている。

日本から見えないアメリカの本音

中国の実質的なレアアース輸出禁止という事態を背景に、五年から一五年の中長期スパンで考えた場合、アメリカは、クリティカルな鉱物はすべてレアアースにあたると認識している。

ＤＯＥが公表した「危険材料戦略」は、環境エネルギー技術に不可欠な鉱物のリスクを検討したレポートだ。そして、その結果としてレアアースのリスクが導き出されている。しかし、アメリカがレアアースにこだわる理由は他にもあるはずだ。

そこで、二〇一〇年に発生した尖閣諸島事件後の経過を振り返ってみたい。日中間で起きたこの騒動に対し、当初アメリカはあくまで「日中間の問題」として中立的な姿勢を取っていた。

ところが、である。政策シンクタンクの東京財団で、外交・安全保障問題の研究ディレクターを務める渡部恒雄《わたなべつねお》上席研究員によると、ある時点からアメリカの態度が大きく変わったというのだ。

アメリカの態度が変わるきっかけとなったのは何か。渡部氏は、二〇一〇年九月二三日のニューヨークタイムズ紙の記事が、大きなターニングポイントになったと見ている。記事には「China Blocks Crucial Exports to Japan」――すなわち、中国から日本向けに輸出される予定のレアアースが、事実上の輸出禁止になったことを報じる見出しが掲載されていた。

このニュース記事が発表された後の九月二九日、下院本会議において、アメリカ国内におけるレアアースの自給体制を確立する法案が、かなりの短期間で可決されている。その目的はただ一つ、中国からの輸入に九〇パーセント以上も依存している現状を打破することだ。

なぜ、アメリカはレアアースにこだわるのか。それは、レアアースが環境エネルギー技術だけではなく、アメリカの軍需産業にとっても欠かすことのできない鉱物であるからに他ならない。レアアースの供給危機は、すなわちアメリカの安全保障の問題に直結するからである。

軍需産業におけるレアアースの用途は、戦車砲の照準装置、軍需用ヘリコプター、ミサイルの方向修正フィンに使われるモーターなど、実に多岐にわたる。つまり、アメリカの「クリティカルメタル」とは、経済・産業のみならず、安全保障においてもその供給リスクが高い金属を指しているといえるのだ。

レアアースの供給危機というと、日本では電気自動車が作れなくなるといった、極論すると平和的な問題しか起こらない。しかし、世界では安全保障の問題が深く絡《から》まってくる。クリティカルメタル確保のための国同士の駆け引きは、今日もどこかで行われているのである。

コモンメタルを牛耳るのは誰か

レアメタルやクリティカルメタルに対して、鉄や銅（Cu）、錫《すず》（Sn）、亜鉛、金（Au）、銀（Ag）、水銀（Hg）、鉛（Pb）、アルミニウムといった、ごく一般的な金属のことを総じて「コモンメタル」と呼ぶ。

これらコモンメタルは、レアメタルと比べるとはるかに資源量は豊富で、その存在も広く世に知られている。さらに、コモンメタルは精錬も容易なので、さまざまな産業で幅広く使われているポピュラーな金属なのである。

ところが、日本はこうしたコモンメタルも海外からの輸入に依存している。たとえば、今後、途上国の経済発展や、各国で進むエコシティーの建設などで世界的に需要が増える見通しの銅原料は、チリ、ペルーといった南米の国々やＡＳＥＡＮ諸国から輸入している。

レアメタルと違い、コモンメタルは取り扱う頻度が絶対的に高いため、資源ビジネスとして大きなマーケットを形成している。そして、そのマーケットのなかで幅を利かし、市場を牛耳《ぎゅうじ》っている存在がある。「資源メジャー」と呼ばれる、巨大資源会社だ。

資源メジャーについては明確な定義はないが、およそ多国籍、グローバルに事業を展開していることが各社共通している特徴だ。積極的なＭ＆Ａ（企業合併・買収）による事業の拡大、多鉱種化と寡占化、そして大規模な鉱山開発を行うことで、市場におけるバーゲニングパワーを高めている。

一般には資源メジャーは、鉱物資源ビジネスにおける売上高が年間五億ドル以上あり、一企業単独での大規模な鉱山開発が可能な会社とされる。このような資源メジャーは、世界に二十数社もあると見られているのだ。

コモンメタルの一つである鉄鉱石の分野に目を向けてみると、世界の鉄鉱石輸出のおよそ六割はブラジルのヴァーレ社、イギリス＝オーストラリアのＢＨＰビリトン、そして同じくイギリス＝オーストラリアのリオ・ティント社の資源メジャー三社に牛耳られている。

三社は、その企業規模をフルに活用し、市場の価格決定や需給バランスに大きな影響を及ぼしている。二〇〇七年には、ＢＨＰビリトンとリオ・ティント社の合併話が持ち上がり、日本を始めとした需要国は、その動向を戦々恐々《せんせんきょうきょう》として見守っていたものだった。最終的に合併は断念される結果に終わったが、もし実現していたら、メガ資源メジャーの誕生となり、市場の支配はよりいっそう進んでいたことになる。

日本にはこうした資源メジャーと呼べるような企業は存在しない。また今後、どこかの大企業が資源メジャー化する動きもないのが現状である。

日本独自の鉱物資源を開拓

これまで述べてきたように、日本の高い技術力は、さまざまな環境エネルギー分野で応用されている。電気自動車やハイブリッド車といった次世代自動車、太陽光発電……。近年、世界的に開発競争が進むこれらの分野で、日本はリーディング・ポジションを築いている。

それは何よりも、環境エネルギー分野の核となる技術、「蓄電池」の開発・生産において、他国を大きく引き離している点にある。

しかし、喜んでばかりはいられない。それらの技術を発揮できる対象——すなわち鉱物資源が、日本ではほとんど採取できないからだ。

ハイレベルな技術を活かし、製品を完成させるために必要な原材料の多くを、他国からの輸入に依存している日本。ここまで、次世代自動車の製造に使われるさまざまな種類のレアメタルを列挙したが、それぞれの鉱物の入手先を書き加えてみれば、それらのほとんどが海外の産出物であることが分かるだろう。日本は次世代自動車を一台作るために、多くの国から原材料となる金属鉱物を掻き集めているわけである。

今後、次世代自動車の普及は、日々進んでいくはずだ。すでに読者の皆さんのなかには、電気自動車やハイブリッド車を所有されている方もいるであろう。しかし、海外から掻き集められた地下鉱物資源によって製造された次世代自動車を、果たして「日本車」と自信を持って呼べるだろうか。

尖閣諸島事件に端を発した中国の実質的なレアアース禁輸を受け、日本政府はレアアースの安定供給確保に関する基本対策を設けた。二〇一〇年度補正予算に、総額約一〇〇〇億円の対策費を盛り込むことを決定したのだ。

その内訳は、レアアース代替材料、使用量の低減技術開発に一二〇億円。レアアース利用産業の高度化、リサイクルの推進に四二〇億円。鉱物資源の開発、権益と供給の確保に四六〇億円となっている。

尖閣諸島の一件で、レアメタル、レアアースに注目が集まっているが、第二、第三のレアアースとなるような鉱物は他にもある。今こそ日本は、海外の地下資源ばかりをあてにするのではなく、自国内に活用できる資源はないのか、また、それを活用するにはどのような努力をすべきなのかを、本気で考えなければならない。

そして日本には、それに応えられる可能性がまだまだ数多く眠っている。そう、日本は決して「資源貧国」ではない。それを第三章以降で、明らかにしていきたい。

第三章　廃棄物が膨大な資源となる近未来

肥料の原料も海外に依存

江戸時代に日本の中心都市だった江戸（現在の東京）は「一〇〇万都市」と呼ばれていた。文字通り、一〇〇万人の老若男女《ろうにゃくなんにょ》がひしめく大都市だったのである。

江戸は享保《きょうほう》年間（一七一六～一七三六年）の後期には、すでに人口一〇〇万人を超えていたといわれている。享保年間の少しあと、一八〇〇年代の世界の主な都市の人口を見ると、北京が九〇万人、ロンドンが八六万人、パリが五四万人、ニューヨークが六万人、そして、上海《シャンハイ》が五万人。

この時代、さして国土も広くない日本の一都市に、世界の大都市をしのぐ一〇〇万人が暮らしていたというのは、まさに驚嘆に値するといえるだろう。

「江戸の人口、一〇〇万人」は、一般市民だけでなく武家人口も含めた推定値で、実際のところ正確な数字は分からない。なぜなら、武家人口は軍事機密とされていたからだ。

それでも、天保《てんぽう》一四年（一八四三年）の時点でも、江戸の人口は約五八万人だったという記録が残っている。いずれにせよ、江戸が世界的に見ても立派な大都市であったことは間違いない（東京都総務局統計部資料による）。

ところで、なぜ、江戸時代の話をするのか。実は、この江戸時代の日本人の暮らしにこそ、現代日本が自国内に活用できる資源を探すためのヒントが隠されているのだ。

江戸はまた、「大江戸八百八町《はつぴやくやちよう》」と呼ばれるほどの大都市だったのだから、当然、多くの人々の暮らしを支えていくための資源は、それなりに必要だったはずである。いったいこの時代、人々はどのようにして生活に必要な資源を手に入れていたのであろうか。

現代のように、電気も使わなければ、石油や天然ガスといった化石燃料も使うことのなかった時代だ。ほぼすべてのことを人力で行っていたのだから、もっとも重要な資源は人が活動するためのエネルギー源となる「食料」だった。

そして、食料を得るためには、農業で野菜や果実を育てなければならない。そうなると、食料という最重要資源を確保するために、次に大切になってくるのは「肥料」となる。

この農業に欠かせない肥料だが、窒素（N）、リン酸（P）、カリウム（K）が主要な三要素といわれている。たとえば、ホームセンターで販売している家庭用の化学肥料の袋に、「N：P：K＝5：10：5」と書かれた表示を見たことはないだろうか。これは、窒素、リン酸、カリウムのそれぞれの成分比率を示しているのだ。

窒素は植物の葉や茎《くき》の生育を助け、リン酸は花や実の生長を促進する。そして、カリウムは根の生育を助けるとともに病気への抵抗力をつける養分となる。いずれも農作物には欠かせない成分といえる。

しかしながら、このような肥料も、現代の日本は海外からの輸入に依存している。

たとえば、リン酸について考えてみたい。リン酸を入手するためには、原料となるリン鉱石という鉱物を確保しなければならない。二〇〇八年、日本はこのリン鉱石を中国から三四パーセント、ヨルダンから二一パーセント、モロッコから二四パーセント、南アフリカから一九パーセントの割合で輸入している。リン酸一つ取っても、九八パーセントを海外に頼らなければならないのだ。

仮に、こうした供給国からの輸入が途絶えると、どのような事態が起きるのか。現在、農家への戸別所得補償制度のあり方や、環太平洋経済連携協定（ＴＰＰ）への加入が日本農業に与える影響などが問題になっている。これらについては、多くの関係者のあいだで盛んに議論も行われている。

だが、肥料の原料となる鉱物資源が、レアアースのように何らかの理由で日本に輸出されなくなると、農業にまつわる諸問題や、それについての議論など吹っ飛んでしまうだろう。そもそも日本で農業を営むこと自体、危うくなるからだ。

そんな状況の日本農業だが、ここでふたたび時計の針を巻き戻してみよう。江戸時代の日本人は、いったいどのようにして肥料を確保していたのか考えてみたい。

ていた。

江戸のリサイクル技術とは

江戸の町の肥料——。それは「下肥《しもごえ》」と呼ばれた人間の糞尿《ふんにょう》、すなわち排泄物を原料としていた。

人間の排泄物は、窒素やリン酸を豊富に含んでおり、農業に使う肥料としては最適といわれている。糞尿だからとぞんざいに扱っていたわけではなく、あくまで「貴重な資源」という認識を江戸の人々は持っていたのだ。しかも、彼らは自らの糞尿を肥料として活用するだけでなく、時にはお金を払い、時には野菜との物々交換で、他者から下肥を確保していた。

しかも、下肥を輸送するための「部切船《へきりぶね》」と呼ばれる専用の運搬船まであり、水路が充実していた葛西《かさい》や向島《むこうじま》とのあいだを行き来していたといわれている。

そうして得た肥料を使い、江戸時代の農家は農業に従事した。消費者に農作物を供給し、消費者は生産者である農家に「肥料」を提供していくわけである。江戸時代の日本には、まさに完璧ともいえる資源の循環システムが成り立っていたといえよう。

これは廃棄物を回収し、資源として再生・利用する、現代のリサイクルと同じだ。その完成形がすでに江戸時代に確立されていたのだ。しかも、江戸時代の優れた資源循環は下肥だけではなかった。稲作で生じる藁《わら》も、廃棄物ではなく重要な資源としていた。

今日でも日本人の主食は米であるように、稲作は江戸時代の花形農業だった。水田で稲を育て、実った稲穂《いなほ》から米を脱穀《だっこく》すると藁が残る。およそ現代では残った藁は廃棄物として捨てられるか、利用されるにしてもごく少量を特定の用途にしか使わない。ところが江戸時代では、残った藁は資源としてフル活用されていた。

まず、米を梱包《こんぽう》する米俵《こめだわら》に藁が使われ、草鞋《わらじ》、藁草履《わらぞうり》、蓑《みの》、編み笠といった日用品が藁を利用して作られたほか、藁を燃やして竈《かまど》の燃料にしたり、燃え残った灰は肥料として再利用したのだ。

藁を燃やしてできた灰にも、前述した農業用肥料の主成分であるカリウムが含まれている。こうして藁は余すところなく使い尽くされ、最後には燃えて灰となり、また肥料として藁を生み出すという、まったくもって無駄のないサイクルが完成したのである。

以上のような江戸時代の資源循環の例は、他にもたくさんある。江戸時代には廃棄物らしい廃棄物などなかったのではないか、と思えてくるほどだ。

現代で「廃棄物」と呼ばれるものは、江戸時代では廃棄物ではなく「貴重な資源」だった。江戸の人々は、どこか遠くの地から資源を掻き集めてくるのではなく、自分の身の回りにあるものを資源として効率よく循環させ、最後まで使い切る知恵を持っていたのだ。

資源リスクが問われている現代日本と、そこに暮らす私たちには、今後、江戸の人々のように、身の回りにある資源をいかに有効活用していくかという視点が必要になる。そして、現代日本には、「身近な資源」になる可能性を秘めたものが、いくつも存在しているのである。

廃棄物が宝の山になる日本

「都市鉱山」という言葉がある。都市鉱山とは、一九八〇年代に東北大学選鉱製錬研究所の南條道夫《なんじょうみちお》教授らによって提唱された、資源リサイクルの新たな概念のことである。

日本には、一般家庭やゴミ処理場などに、古くなって使われなくなった家電製品が山のように眠っている。それら「ゴミ」として扱われる家電製品は、実に多くの部品によって構成されている。家電製品を形作る部品類はおよそ何らかの金属でできており、それらはすべて鉱物を原料としている。

すなわち「都市鉱山」は、不用品となった家電製品類に使われている大量の金属（鉱物資源）を、地上に存在する「鉱山」と見立てているわけだ。そして、それら廃棄物から鉱物資源を回収、リサイクルして活用することが未来の日本には必要だと提唱されたものだ。

この都市鉱山は、昨今の日本で問題視されている資源リスクの高まりから、あらためて注目されている。地中から天然鉱物を掘り出すのではなく、天然鉱物を加工・集約し、高品位な金属類として製品化され市中に出回ったものを集め、資源として再利用する。従来の「地中深くに埋まっている天然資源」とは趣《おもむき》が異なる、新たな資源の登場といってもいいだろう。

これまで述べてきたように、今までの日本において「資源」といえば、多くが海外諸国の地中に存在する天然資源を輸入するという発想に縛られ、自国には鉱物資源などろくにないと考えていた。そして、日本は毎年、莫大な量の鉱物資源を国内に持ち込んでおり、それは日本の資源需給の統計を見ても明らかだ。

ここでは、一例としてレアメタルを挙げてみよう。「レアメタル」とは、さまざまな種類の鉱物の総称であると先述したが、そのなかには日本が世界消費の第一位を占めている鉱物がいくつもある。

二〇〇八年の統計（JOGMECレアメタル備蓄データ集〈総論〉二〇一〇年三月）によると、主に携帯電話やノートパソコンに使われるリチウムイオン電池の正極材となるコバルトは、世界消費量が五万七八〇〇トン。これに対し日本の消費量は一万五〇〇〇トンとなり、その世界消費シェアは二六パーセント。堂々の世界第一位を記録しているのである。

また、自動車部品や車体鋼板に使われ、鋼の強度を増すために添加されるモリブデンは、世界消費量およそ一八万六〇〇〇トンに対し、日本の消費量は五万一〇〇〇トン。世界消費シェアは二七パーセントとなり、こちらも世界第一位となっている。

今後、世界的に普及が期待される、CIGS系薄膜太陽電池に使われるガリウムに至っては、世界消費量一九〇トンに対し、日本の消費量はおよそ一二二トン。その消費割合は六四パーセントにもなり、実に世界の半分以上のガリウムを日本が消費していることが分かる。

尖閣諸島問題で供給不安が現実のものとなったレアアースについては、どうだろうか。二〇〇六年度の世界消費量は一〇万八〇〇〇トン。これに対し、中国の消費量が五万九〇〇〇トンとなり、消費割合は約五五パーセントで第一位。これに次ぐのが日本で、消費量は約二万六〇〇〇トン。消費割合は二四パーセントとなり、世界第二位の消費国だ。

見かけはゴミでも中味は金

前項のデータに目を通していると、一つの揺るぎない事実が浮かんでくる。

つまり、それが海外から持ち込まれたものであろうと、また、精錬・加工されて製品に姿を変えたものであろうと、日本には数え切れないほどの鉱物資源が存在している、という事実だ。

もちろん、日本に輸入された鉱物資源が、製品の一部としてふたたび海外に出ていくことは当然ある。しかしそれにも増して、世界有数の経済大国である日本では、鉱物資源から得たレアメタルなどの金属を多用した製品がハイペースで消費されているのだ。

それを、電気自動車やハイブリッド車といった、次世代自動車の分野と照らし合わせてみるとどうなるだろう。

次世代自動車振興センターが公表している「電気自動車等保有台数統計【推定値】」を見ると、二〇〇三年から二〇〇九年の次世代自動車（電気自動車及びハイブリッド車）の国内保有台数は累計で九九万二三〇〇台となっている。

第二章でも述べたが、次世代自動車はその一台が、レアメタルを始めとする多種多様な鉱物資源によって作られている。すなわち、国内で次世代自動車を買った人が、それを海外に持ち出したり、海外に転売したりしていない限り、日本国内には自動車九九万二三〇〇台に使われている貴重な鉱物資源が存在していることになる。しかもそれらは、日本のハイレベルな技術力で、高品位に精製されているのだ。

だが、これは何も次世代自動車に限ったことではない。ガソリン自動車でも携帯電話でも、日本で販売、消費されたすべての工業製品に当てはまることだ。要は、日本国内での消費力に相当する資源が、そっくりそのまま日本国内に存在している、と考えていいだろう。

今や、工業製品として地上に蓄積された鉱物資源の量は、鉱種によっては地下に埋蔵されている資源量に迫るものとなっている。地下ではなく地上に眠る資源を有効に循環させることが、新たな資源の供給源を生み出し、「宝の山」となる可能性を秘めているのだ。

すでに、鉄、銅、アルミ、鉛など、コモンメタル類のスクラップは資源リサイクルの対象として重要な資源供給源となっている。これに続くのが、レアメタルやレアアース類となるのは間違いない。

レアメタルを含め、都市鉱山の蓄積量については、独立行政法人物質・材料研究機構元素戦略センター長の原田《はらだ》幸明《こうめい》氏のもと、金属量の算定が行われている。ここでは、物質・材料研究機構が二〇〇八年一月に公表した、日本に蓄積された都市鉱山の規模を計算したデータをもとに、我が国の資源ポテンシャル（潜在能力）を明らかにしてみたい。

なお、物質・材料研究機構が公表している「蓄積量」とは、「使用中ストック」「使用済みストック」、そして、焼却や埋め立てでゴミ処理に回され散逸《さんいつ》してしまっている「散逸ストック」のすべてを合計した数値である。

金の埋蔵量世界一の国は

金の埋蔵量世界一の国はどこか。そう質問されたら、あなたは何と答えるだろうか。鉱物資源に関心のある人ならば、「南アフリカ」、あるいは「オーストラリア」と答えるのではないだろうか。

しかし、世界各国が保有する資源量を、前述の「都市鉱山」の発想であらためて算出してみると、まったく違った結果が導き出される。南アフリカやオーストラリアの地下埋蔵量を上回り、日本の都市鉱山が世界第一位の埋蔵量（蓄積量）となるのだ。すなわち「日本は世界第一位の金の資源国」といっても過言ではないのである。

地下資源の埋蔵量では、確かに南アフリカが六〇〇〇〇トンで世界第一位の規模を誇っている。次いでオーストラリア、ロシアがともに五〇〇〇〇トンで第二位、第三位がアメリカとインドネシアの三〇〇〇〇トンとなる（USGS : Mineral Commodity Summaries 2009）。

これに対して、日本の都市鉱山における金の埋蔵量（蓄積量）は、六八〇〇〇トン。金の地下埋蔵量ではトップ３の南アフリカ、オーストラリア、ロシア、アメリカ、インドネシアを上回り、世界第一位になるのである。

実は日本では、廃棄物からの金の回収は古くから行われていた。金は主に、家庭用・業務用パソコンや携帯電話の半導体、プリント基板、メッキの廃液、使用済みのターゲット材などから回収されている。

ちなみに「ターゲット材」とは、複数の金属を溶解・焼結して板や円盤の形状にしたものだ。金は、これに電子ビームを照射し、液晶パネルや半導体の部材の表面に金属の膜を作る際に用いられる。とくに液晶パネル用のターゲット材は、今や急成長している産業分野の一つだ。

こうした機械製品の廃棄物の他にも、いらなくなった宝飾品などが回収され、金として再生されている。さらに、金歯といった歯科用材料も回収されており、そこから抽出《ちゅうしゅつ》される金含有物（再生金）は、毎年およそ三〇トンから五〇トンの規模にもなる。

都市鉱山とは異なるが、日本の金が世界一といえる点がまだある。

日本の金山の多くは今や閉山となっているが、現在も唯一、大規模稼働しているのが鹿児島県の菱刈《ひしかり》鉱山だ。菱刈鉱山は鹿児島県北部にある一九八五年操業開始の鉱山で、二〇〇八年三月時点でのべ一六五・七トンもの金を産出している。

しかしながら注目すべきは、その産出量ではなく金鉱石の品位にある。ここでいう「品位」とは、鉱物や金銀貨などに含まれる金や銀の割合を指す。

世界の主要金鉱山の平均品位は、一トンあたり約五グラム。対して菱刈鉱山の鉱石は、一トンあたりに含まれる平均金量が何と四〇グラムを超えるという超高品位を誇っているのだ。世界平均のおよそ八倍となり、品位に限れば、菱刈鉱山の鉱石はこちらも世界一といえるだろう。

このように日本の金資源は、都市鉱山の蓄積量と菱刈鉱山の卓越した品位という、量においても質においても世界に誇ることができるレベルに達している。

いや、金ばかりではない。同じ貴金属である銀の都市鉱山の埋蔵量（蓄積量）も豊富だ。世界の銀の地下資源埋蔵量を見ると、ポーランドが五万一〇〇〇トンで第一位、続いてメキシコが三万七〇〇〇トンで第二位、そしてペルーが三万六〇〇〇トンで第三位となっている（USGS : Mineral Commodity Summaries 2009）。地下資源埋蔵量では日本はこれらの国にはかなわないが、都市鉱山蓄積量では第一位のポーランドをはるかにしのぐ六万トンと算出されている。つまり、銀においても日本の資源蓄積量は世界一なのである。

日本の銅資源の底力

金、銀、ともに都市鉱山の蓄積量が世界第一位の日本。それでは、銅はどのような状況だろうか。それを説明する前に、銅について少し詳しく触れてみたい。

世界的にポピュラーな金属である銅は、コモンメタルの一種とされている。そして、コモンメタルのなかでも、今後ますます需要が見込まれているのが、何を隠そう銅なのである。

銅はその電導率のよさから主に電線に使われているほか、さまざまな電気機器製品に使用されている。銅より電気抵抗が低い、あるいは同等の金属というと金か銀になるが、利用するにはコストがかかってしまう。したがって、現在のところ銅が電気を利用するうえで必要不可欠な金属となっている。

さて、この銅だが、主に中国やインドでの消費が著《いちじる》しく、新興国の経済成長に比例して需要も高まっているようだ。とくに中国では、中国国家電網が中心となり送電網の効率化を主目的として、二〇二〇年までにスマートグリッド化を目指している。

この「スマートグリッド」とは、直訳すると「知的な電力網」。すなわち、電力需給を自動的に調整する機能を持たせることで、電力供給を人の手を介さず最適化できるようにした電力網を指す。アメリカの電力事業者が考案し、省エネや大幅なコスト削減が見込めるとして注目されている、新時代のネットワーク技術だ。

中国には、スマートグリッドに関する共同研究や実証実験の案件だけでも六〇〇件以上あるほか、曹妃《そうひ》甸《でん》や深圳《しんせん》でエコシティ建設計画が立ち上がっている。今後、本格的にエコシティ建設の動きが活発化することで、さまざまな配線や電線の需要が爆発的に伸びれば、必然的に原材料となる銅の需要も伸びていくだろう。

このように銅需要に拍車をかけるのは、スマートグリッドだけではない。世界的な次世代自動車の普及も、銅の必要性をさらに高めることになる。

現行のガソリン自動車に使われる銅は、一台あたりおよそ一〇キログラムから一二キログラム。しかし、次世代自動車になると、その使用量は二倍に増えるといわれている。蓄電池を搭載し、電気の力で走るのが次世代自動車なのだから、電気を主たる駆動力としないガソリン車に比べ、電導に欠かせない銅の使用量が増えるのは当然だ。

ただし、コモンメタルとしての銅には不安もある。人々の需要が高まり、あらゆるところで銅が使われると、一転、供給リスクが出てくる恐れがあるからだ。実際、銅の生産量と地殻（地圏、水圏、大気圏）内の資源存在量のバランスを見ると、明らかに銅資源の供給リスクの可能性が見て取れる。

その意味では、コモンメタルからクリティカルメタルになる危険性も十分に潜んでいるのが、現代の銅なのだ。本書を執筆している二〇一一年一月三日にも、ニューヨーク・コメックス市場の銅価格は、ポンドあたり昨年末より一・二ドル高の四四五・一五セントとなり、新高値を更新している。

銅のマーケットにおいては、前述の資源メジャーが影響力を行使している。チリ、アメリカ、メキシコ、ポーランド、イギリスには、銅をコアビジネスにした「銅メジャー」と称される巨大企業も存在するほどだ。こうした資源メジャーたちが、日本における銅の都市鉱山蓄積量を知れば仰天するに違いない。

銅の地下埋蔵量は、チリの一億六〇〇〇万トンがトップで、ペルーの六〇〇〇万トン、メキシコの三八〇〇万トンと続く（USGS：Mineral Commodity Summaries 2009）。それでは、日本はどうなのか。我が国の銅の都市鉱山蓄積量は三八〇〇万トンと算出されており、地下埋蔵量で世界第三位のメキシコと並ぶのだ。

金と銀が世界一、そして銅も世界第三位の蓄積量を誇るのが日本なのである。

メキシコの資源メジャー「Grupo Mexico」は、二〇〇八年の銅鉱生産の世界シェア第一〇位の企業で、メキシコ国内にも銅鉱山を持っている。メキシコと同等の蓄積量があるのだから、本来、日本にも銅メジャーのような資源メジャーが登場してもおかしくはないのだ。いや、それどころか近い将来、世界の銅資源メジャーが日本の都市鉱山を買い漁《あさ》りにやってくるかもしれない。

埃をかぶった家電が日本を救う

都市鉱山の蓄積量においては、世界最高レベルを誇る日本。

ここまで本書を読んだ方は、今一度、身の回りを見渡していただきたい。まったく使わなくなり埃《ほこり》をかぶっている旧式のパソコンや、故障して押入れにしまったままのCDプレーヤーなどが、未来の日本の鉱物資源を支える「宝物」に見えてはこないだろうか。

この貴重な都市鉱山を有効活用するための技術開発の向上は急務だが、その結果、大きく様相を変えてしまうものがある。クリティカルメタルが、それだ。

クリティカルメタルは第二章で解説した通り、産業・経済界にとっての重要性、供給リス

ク の有無《うむ》、そして環境への負荷といった点で危険性のある鉱物のことだ。それらを各国が自国の事情に合わせて選定、注視し、「クリティカルメタル」と呼んでいるのである。

日本でも、レアメタルの短期的な供給途絶リスクへの対応を主目的として、鉄鋼業によく使われる鉱種であるニッケル、クロム、タングステン、コバルト、モリブデン、マンガン、バナジウムの七鉱種を、国家備蓄対象の鉱物としている。つまりは、クリティカルメタルということであろう。これらの金属は、少なくとも日本では希少《きしょう》価値が高く、国内消費量の六〇日分を目標に備蓄されているのだ。

さらに、二〇〇九年には、省エネ家電などの環境エネルギー技術で、今後需要が増えると予測されるインジウムとガリウムが備蓄対象として追加されている。

しかし、供給リスクという点で危険視されているクリティカルメタルも、都市鉱山の存在を当てはめて考えてみると、その様相は大きく変わってくる。つまり、「クリティカル（リスクが高い）でなくなる」のである。

そこで、ここからは、現在「クリティカルメタル」と呼ばれている各種鉱物に対して、日本の都市鉱山の蓄積量がどのような影響を与え、また、どのような変化をもたらすのか考えていきたい。

ちなみに、クリティカルメタルは各国によって定義もまちまちなうえに、完全な指標はない。「クリティカル」という見方は、人によってさまざまであり、以下に挙げる鉱種についても「クリティカルでも何でもない」と考える識者もいるだろう。そこでここでは、各国研究機関、政府が危険性を指摘している鉱種にスポットを当てていく。

アンチモンは埋蔵量比で世界四位

供給リスクが高い鉱物といえば、中国に九割近く依存するレアアースが真っ先に思い浮かぶ。しかし、チャイナリスクを抱えるレアメタルは、レアアースだけではない。アンチモンも、中国に過度に依存する鉱物として、その供給不安が懸念《けねん》されているレアメタルなのだ。

アンチモンについては、その酸化物の一つである三酸化アンチモンがよく知られている。これは、アンチモン化合物のなかではもっとも重要な化学物質で、主に難燃剤、ガラスの助剤、顔料、触媒などに活用される。

中国のアンチモンの埋蔵量は、世界埋蔵量のおよそ三八パーセント。生産量となると、九〇パーセントに近い世界シェアを誇り、日本はおよそ九四パーセントを中国からの輸入に頼っている。市場にはアンチモンを使用しない難燃剤も流通し始めているが、価格面や性能面を考慮すると、やはりアンチモンを用いた難燃剤にはかなわないのが現状だ。

そんなアンチモンの一大生産地である中国は、また大量消費国でもある。経済発展にともなう建築ラッシュやインフラ整備の進捗《しんちょく》により、中国国内におけるアンチモンの需要は飛躍的に伸びることになった。近年では、北京オリンピックや上海万博の開催にともなうインフラ整備にあわせ、国内の難燃性に関する国家基準が強化され、アンチモンの重要性はますます増しているのだ。

価格についても変動が見られる。二〇〇一年の時点でアンチモン一キログラムにつき一ドル台であったが、中国国内の需要急増により、価格は右肩上がりに。二〇一〇年には一キログラムにつき一二ドル台にまで上昇しているのだから恐れ入る。今後、中国やその他の新興国の自動車需要が増大していけば、価格動向にさらなる影響を及ぼすことは必至だろう。

アンチモンは、その主たる用途が難燃剤という性格上、人命にかかわる鉱物ともいえる。先に紹介した欧州連合委員会が選定したレポート、「ＥＵにとって不可欠な原材料」でも一四鉱種のクリティカルメタルのなかにアンチモンは選ばれていた。この鉱物における資源リスクの認識は世界的なものといえよう。

さて、ここでアンチモンの世界地下埋蔵量を見てみよう。

第一位は中国の七九万トン、第二位がタイの四二万トン、そして第三位がロシアの三五万トン。これに対して日本の都市鉱山の蓄積量は、三四万トンと算出されている。

地下埋蔵量第三位のロシアには及ばないが、輸入の九四パーセントを中国に依存していることを考えると、自国内に鉱物資源の蓄積があるとないとでは大違いだ。

アンチモンは、三酸化アンチモンが難燃剤に使われるほか、金属アンチモンが自動車バッテリー用鉛電極に成形性保持のために使われる。そうした鉛合金としてのアンチモンのリサイクル率は八〇パーセントと進んでおり、今後は三酸化アンチモンの回収がより進めば、アンチモンの資源リスクは大きく軽減されると見られている。

再利用が本格化する二つの鉱物

タングステンも、アンチモンと並び中国への依存度が高いレアメタルだ。各国はクリティカルメタルの一つとして数えている。

タングステンは、融点(溶ける温度)がおよそ三四〇〇度と非常に高く、また炭素(C)と結合することでダイヤモンドに次ぐ硬度となる。そのうえ、重量が金とほぼ同じという特徴から、主として超硬工具の原材料として利用されている。「超硬工具」とは、自動車製造の金属加工機に使用される金属切削《せっさく》工具などで、まさにこれからの次世代自動車産業の現場には欠かせない工具だ。

中国のタングステン埋蔵量だが、世界埋蔵量のおよそ六〇パーセント、生産量は世界の八一パーセントを占めており、これまた偏在した状況にある。そして日本は、消費量の約八六パーセントのタングステンを中国からの輸入に頼っている。

しかも中国は、このタングステンの管理を、二〇〇五年頃から強めてきているのだ。輸出税還付の削減・撤廃、輸出枠の削減などその動きは活発化しており、鉄とタングステンの合金であるフェロタングステン（FeW）の輸入価格などは、二〇〇四年一月には一キログラムあたり七ドル台だったものが、二〇一〇年一二月には一キログラムあたり四二ドル台にまで跳ね上がっているのである。

このように中国の寡占《かせん》化が進むタングステン。ここで世界の資源埋蔵量のトップ5を見てみよう。

いわずもがなであるが、世界第一位は中国で、埋蔵量は一八〇万トン。次いで、カナダが二六万トンで第二位。第三位はロシアの二五万トン。以下、第四位はアメリカの一四万トン、第五位はボリビアの五万三〇〇〇トンとなっている。

これに対し、日本の都市鉱山の蓄積量は五万七〇〇〇トンとなり、ボリビアを抜いて資源埋蔵量トップ5入りを果たすのである。八六パーセントを中国からの輸入に頼っている状況が大きく変わり、自動車製造という、いわば「お家芸」のための自前の材料が足元にゴロゴロしているということになる。

タングステンにはこうした超硬工具の他に、タングステン特殊鋼や白熱電灯、電子管のフィラメントなどの金属タングステン製品、顔料などのタングステン化成品などさまざまな用途がある。ただ、その用途の大半はやはり超硬工具となっている。

超硬工具のリサイクル率は、あくまで推測だが、三〇パーセント程度であるようだ。そのうちの一〇パーセントは超硬工具への再利用、一〇パーセントが特殊鋼製造時の添加剤として再利用、残りの一〇パーセントが諸外国への輸出用と考えられている。

一方、テレビの大型液晶画面、プラズマディスプレイ、タッチパネルなど、これらもさらなる普及が進む分野であるが、透明電極用のＩＴＯターゲットを用いたさまざまな省エネディスプレイに必要になるのが、インジウムである。

インジウムは「ＥＵにとって不可欠な原材料」においても、アメリカの「危険材料戦略」でも注目されているクリティカルメタルで、日本においても備蓄対象として加えられた鉱物である。また、第一章で解説したＣＩＧＳ系薄膜太陽電池などにも利用され、環境エネルギー技術における用途は、まだまだ広がりを見せる可能性を秘めている。

このインジウムの世界埋蔵量は、中国が八〇〇〇トンと他を圧倒している。そこが、欧州でもアメリカでもクリティカルメタルと定義している最大の理由だ。中国に続いて埋蔵量が多いのがペルーで、三六〇トン。そして、アメリカの二八〇トン、カナダの一五〇トン、ロシアの八〇トンとなっている（USGS : Mineral Commodity Summaries 2008）。

一方、日本の都市鉱山蓄積量は、何と一七〇〇トンとなり、中国には及ばないものの、ペルー以下は大きく引き離して世界第二位となる。

先に述べた透明電極用のITOターゲット材に使われるインジウムは、実に国内全消費量の九〇パーセントを占めている。このインジウムのリサイクルについても、ITOターゲット材では使用済みターゲット材のリサイクルが進んでおり、二〇〇九年はおよそ四三五トンがリサイクルされたと考えられている。

今後は、最終製品である液晶ディスプレイからの回収が狙いとなるが、大型液晶パネルテレビメーカーなど各社で研究が進められており、その進捗が期待される。

タングステン、インジウムのように蓄積量が多いレアメタル。そのリサイクルは本格的に始まりつつあるのだ。

燃料電池の核となる鉱物も大量に

白金族はその名称に「族」とあるように、プラチナ、パラジウム（Pd）、ロジウム（Rh）、ルテニウム（Ru）、イリジウム（Ir）、オスミウム（Os）の六種類の鉱物からなっている。

鉄や銅、アルミニウムといったコモンメタルに比べると、白金族ははるかに高価な金属だ。プラチナなどは、産業用としてよりも、金に匹敵する宝飾品として使われるイメージのほうが強いのではないだろうか。

そんなプラチナだが、次世代自動車の先端を走る燃料電池自動車に搭載する電池（燃料電池）にも活用されている。燃料電池自動車とは水素を燃料にする車のことで、搭載した燃料電池で水素と酸素の化学反応を起こし、それによって発生する電気を利用し、ガソリンエンジンに替わるモーターを回して走るというのがメカニズムだ。

燃料電池は、電解質を挟んだ電極に水素を送り、もう一方の電極に空気中の酸素を送ることによって化学反応を起こして発電させるのだが、その化学反応を起こさせる触媒としてプラチナが必要になるのだ。

次世代自動車の主流は、現在はハイブリッド車、電気自動車、プラグインハイブリッド車であることは先述したが、やがてトレンドが変わり、燃料電池自動車が主流となる日も来るだろう。その電池に使われる材料として、プラチナに替わるものが見当たらないというようなことになれば、プラチナの需要は今よりもさらに伸びるであろう。

また、プラチナ以外に白金族のなかでよく知られているのが、パラジウムとロジウムだ。この二つは、主に自動車用の触媒として重宝《ちょうほう》されている。

「自動車触媒」とは、自動車やオートバイなどのガソリンエンジンから排出される有害な一酸化炭素、炭化水素、窒素酸化物を、人体に無害な二酸化炭素や水に変える排ガス浄化装置のことだ。つまり、環境エネルギー技術における、大変重要な役割を担っている鉱物といっていいだろう。

白金族には他にも、ルテニウムが電気・電子工業用部材として、ハードディスク用ターゲット材やチップ抵抗器などに使われる。また、イリジウムは自動車触媒のほか、自動車のスパークプラグに使われる。

そして、次世代自動車産業の鍵を握るといえる白金族だが、これについても日本は海外からそのほとんどを輸入している状況だ。

たとえば、プラチナは南アフリカ一国からの供給に依存している。南アフリカの白金族の埋蔵量は世界のおよそ八九パーセント、生産量（プラチナ）では世界生産の七六パーセントを占めている。そして、日本はプラチナ輸入のおよそ七二パーセントを南アフリカからの供給に依存しているのである。

さて次に、プラチナを含む白金族の世界埋蔵量を見てみよう。世界最大の埋蔵量を誇る南アフリカが六万三〇〇〇トンでトップ、続いてロシアの六二〇〇トン、第三位がアメリカの九〇〇トンとなっている。対して、日本の都市鉱山の蓄積量は二五〇〇トン（プラチナ）。アメリカを抜き去り、世界第三位の資源国となるのだ。

それにしても、ロシアやアメリカなど広大な国土を誇る国に勝るとも劣らない資源量が、この日本に眠っていることにあらためて感心してしまう。

現在、白金族の主要用途である自動車触媒からのリサイクルが進んでおり、こちらのリサイクル率はまだ三〇パーセント程度。今後、さらにリサイクル技術が向上すれば、都市鉱山が有力な資源供給源となるのは確実であろう。

タンタルはカナダを抜き世界三位

次世代自動車以外にも、日本産業のお家芸を挙げるとすれば、デジタルカメラやノートパソコン、携帯電話などに代表される電子工業だろう。携帯電話は通話圏などの諸問題があるから別として、日本製のカメラやパソコンはその性能の高さから、相変わらず外国人観光客には大人気だ。

これらの製品に欠かせないクリティカルメタルが、タンタルである。主に電解コンデンサーの原料に使われるほか、光学ガラスの添加剤、半導体や液晶ディスプレイ向けスパッタリング・ターゲット材がその用途となっており、電子工業分野には欠かせない鉱物だ。他にもタンタルは、デジタルカメラの光学レンズに使われている。

日本は、このタンタル供給を一〇〇パーセント輸入に頼っている。「ＥＵにとって不可欠な原材料」のなかでも、タンタルはクリティカルメタルの一つとして数えられているが、その理由の一つに、タンタルの生産がコンゴ民主共和国に占有されているからといわれている（ただし、違法採掘などの問題で実態が表面化しないことから、詳細は不明）。

コンゴ民主共和国のタンタルの生産実態が完全に把握できていないことを前提に、タンタルの世界生産状況を見ると、オーストラリアがおよそ五三パーセント、ブラジルが二二パーセント、エチオピアが九パーセント、カナダが六パーセント、ルワンダが五パーセント。

日本の輸入状況は、アメリカからの輸入がおよそ四二パーセント、ドイツから二四パーセント、タイから一一パーセント、中国から八パーセント、カザフスタンから二パーセントとなっている。国別埋蔵量は、ブラジルが八万八〇〇〇トンで第一位、次いでオーストラリアが四万トンで第二位、カナダが三〇〇〇トンで第三位となっている。

一方、日本の都市鉱山のタンタル蓄積量は四四〇〇トンとなり、カナダを抜いて世界第三位となる。タンタルのリサイクルについては、タンタル製品の製造工程で発生する工程スクラップが、九五パーセントという高い効率で再利用されている。

将来的には、製造工場外に出回っているタンタルコンデンサーなどの製品から、タンタル回収率を高めることが肝要だ。それが資源リサイクルをさらに推し進める鍵となる。

以上、クリティカルメタルと呼ばれるさまざまな鉱種について、その都市鉱山のポテンシャルを見てきた。

地中に埋まっている天然資源だけに目を奪われず、都市鉱山という新たな発想で国内を見渡すと、供給リスクの高い鉱物が数多く日本に蓄積されていることが分かる。そしてそのなかには、資源量が世界第一位となる鉱物、世界一とはいえなくともトップ5に入るものが豊富にある。文字通り、都市鉱山は「宝の山」といっても過言ではない。

そして、こうした資源の蓄積をどのように取り扱っていくかで、日本にとって「クリティカル」だった鉱物もクリティカルでなくすことができるのである。

廃棄家電の「集鉱」を始まりに

それでは、肝心の地上の資源を利用する場合、具体的にはどうすればよいのだろうか。都市鉱山の場合、その主な資源となるのは、不用になった電化製品である。そこには、レアメタルなどの鉱物資源から得られた金属が使われているからだ。

こうした電化製品の不用品は、地下鉱脈を探鉱していれば、まとまって発見されるというものではない。日本のあちこちに廃棄され、散在しているものだ。都市鉱山の活用にあたっては、まずそうした全国に散在する使用済みストックを、効率的に回収・集積することが必要になることはいうまでもない。

地下資源の鉱脈のありかは探鉱によって探し出すわけだが、都市鉱山の場合は、市中に散らばる廃棄物（資源）を集めて、文字通り「鉱山」を築くのである。地下資源の「探鉱」に対し、都市鉱山の場合は「集鉱」といったところだろう。そして何はともあれ、徹底的な小型家電の廃品を回収していくことが大切になってくる。

現在、使用済み小型家電の多くは、廃棄物処理法の規定により一般廃棄物として回収される。そのほとんどは埋め立て処分となり、一部の家電はリサイクルされて鉄や銅、アルミニウムが回収されてはいるが、レアメタルに関してはほとんど未回収の状態にある。

この状況を打開するため、経済産業省と環境省、さらにレアメタル・リサイクルに関心の高い自治体が協力し、二〇〇八年から適正かつ効果的なレアメタルのリサイクルシステム構築を目指す動きが始まっている。それが、「使用済小型家電からのレアメタルリサイクルモデル事業」の実施である。

この事業は、一般家庭から排出される使用済みの小型家電を回収し、分別、解体、破砕、選別などの中間処理と、有害物質の適正処理を行う「モデル地域」を作る試みである。

モデル地域での回収対象となるのは、特定家庭用機器再商品化法（家電リサイクル法）の対象品目を除いた使用済みの小型家電。デジタルカメラ、ポータブル音楽プレーヤー、ＤＶＤプレーヤー、携帯用テレビ、小型ゲーム機、電子辞書、携帯電話、電子機器付属品などがそれに該当し、一般廃棄物としての回収を想定している。

日本政府がようやく都市鉱山の重要性を認識し、「宝の山」を活用するための資源回収システム構築に、本格的に乗り出したといえるだろう。

都市鉱山活用に動き出す自治体

この事業のモデル地域となった東京都江東区では、二〇〇九年一一月から二〇一〇年一二月末にかけて、小型家電の回収と、回収した小型家電を区内の業者が集計、選別、分解する中間処理を行った。さらに、経済産業省が契約した岐阜県にある精錬業者への引き渡しも行っている。

縦一五センチメートル、横二五センチメートル以下の使用済み小型家電製品を対象に、区内六七ヵ所に七〇個の回収ボックスを設置し、月に一、二回の回収を実施したほか、同区の地域イベントと連動したキャンペーン活動による回収を実施。キャンペーンでは、レアメタルとタイガー（虎）をもじった「レアメタイガー」というキャラクターも登場し、アイディアを凝《こ》らした活動が積極的に展開されている。

気になる回収結果だが、二〇〇九年一一月から二〇一〇年九月までに、携帯電話、デジタルカメラ、ビデオカメラなど計一一品目と付属品、その他の総計一万八一九八点もの小型家

江東区内67ヵ所に設置された、小型家電回収ボックス
(写真提供:江東区環境清掃部清掃リサイクル課)

電が回収された。

回収ボックスのみの回収成果は一万七六九〇点、重量に換算するとおよそ三五八七キログラムという結果であったという。また、回収内訳を見ると、携帯電話がもっとも多く、三五六一点で全体の約二〇パーセント、次いでポータブル音楽プレーヤーが一一二一点で全体の約六パーセントだった。

この回収結果が多いか少ないかは意見の分かれるところだが、何より大事なのはこうした試みが初めて行われたということである。実際に、小型家電が回収できたことは大いに注目すべき出来事といっていいだろう。

ところで、これら一連の事業について、担当者としてプロジェクトを推進した、江東区の環境清掃部清掃リサイクル課長の鈴木亨《すずきとおる》氏、同主査の瀧澤慎《たきざわしん》氏は語る。

「まず何よりも、使われなくなった小型家電を『廃棄物』ではなく『資源』として認識することが重要です。そして、より広域で回収を行うことが、回収率を上げることにつながり、市中に散在する小型家電類を、資源として成り立たせるための重要なポイントになってくると考えています」

江東区をモデルとして動き始めた、自治体による都市鉱山活用の働きかけが、今後、さらに広がりを見せるよう願うばかりだ。

携帯電話返却で商品券が

使用済みの携帯電話を廃棄物としてではなく、インセンティブ（報奨）をつけて回収する試みも行われている。

経済産業省では、二〇〇九年一一月から二〇一〇年二月にかけて携帯電話の回収に協力すると、商品券が当たる抽選に応募できるという回収実証実験（「二〇〇九年度使用済み携帯電話の回収促進実証事業」）を、二〇〇九年度の補正予算事業のなかで行った。

使用済みの携帯電話の回収台数が年々減少しているなか、携帯電話に含まれる貴金属やレアメタルを効果的に回収するために、商品券という報奨をつけたのだ。具体的には次のようなシステムで、商品券が与えられる。

まず消費者は、二五〇〇円以上の携帯電話を購入、もしくは機種変更をする際に、使用済み携帯電話を窓口に返却する。その返却台数に応じて、五万円、五〇〇〇円、一〇〇〇円の商品券が当たる抽選に応募できるのだ。携帯電話の購入や機種変更がなく、単に使用済み携帯電話の回収に協力した場合は、一〇〇〇円の商品券が抽選で当たる応募券がもらえる。

二〇〇九年一一月二一日から二〇一〇年二月二八日までの全国の回収店舗数は、一八八六。そして、この実験を通して回収された使用済み携帯電話は、累計で五六万九四六四台にも上ったそうだ。

これによって、回収された携帯電話に含まれる有用金属の含有量は、実際の精錬工程を経て抽出される金属量とは少し異なるが、推定で金が二二キログラム、銀が七九キログラム、銅が五六九〇キログラム、パラジウムが二キログラムになると見られている。

さらに、二〇〇九年一一月から二〇一〇年二月の金属相場を参考にしながら、携帯電話一台あたりの金属資源から得られる収益を計算すると、一台につき一三八円となる。これに対して、広告費やインセンティブ代などの支出費用は一台につき六六一・七円となり、現状では支出が収入を上回る結果となってしまった。

しかしながら、現行の携帯電話販売店舗数およそ一万三〇〇〇の八割弱にあたる九八三六店舗が回収に協力すれば、使用済み携帯電話の回収台数はさらに伸びるであろう。加えて、同様のキャンペーンを一年間続けていけば、損益分岐点を上回るという見通しも公表されている。

実際、街中に捨てられているものを集めるのは、地下資源の鉱脈を探り当てるほどではないとはいえ、容易なことではない。それでも、先に紹介した江東区の事業や携帯電話のリサイクルが成果を残せたことからも分かるように、要は売り手であるサプライヤーと消費者が、どこまで資源リサイクルの意識を高めることができるのか——。それに尽きるのである。

「回収・集積方法を確立」などというと、さも難しい取り組みが必要になると思いがちだが、前述した使用済み携帯電話の回収を採算ベースに乗せるには、全国携帯電話販売店舗の八割弱が意識を持って動けば可能になる。そうした意識の高め方も、あらゆるものをリサイクルしていた江戸時代の生活から、我々は学んでいく必要があるかもしれない。

企業内にもある都市鉱山

都市鉱山の活用を考えるうえで、全国の小型家電廃棄物を回収するとともに、もう一つ重要なことがある。

日本の都市鉱山の蓄積量を算出した物質・材料研究機構の原田幸明氏は指摘する。

「都市鉱山という考え方のなかには、企業内にある資源——すなわち、会社の製造工程で生じる加工屑《くず》など、高品位でその組成成分の情報がはっきりしているものを、いかに効率よく集め、再生、循環していくかが重要になってくるのです」

では、この「加工屑」とは何なのか。

たとえば、レアアースを含んだ大きな合金に切削加工や研磨《けんま》加工を施《ほどこ》すことで、小さな部品を製造したとする。その作業工程で、合金から切り屑や研磨粉が発生するが、それを「加工屑」と呼ぶのである。

加工屑は、製造段階で生じる廃棄物なので、その品位は高く、組成もはっきりしているのが特長だ。また、製造現場という特定しやすい場所にまとまって存在することから、リサイクルを考えるうえでは非常に効率的でもある。

現在、レアメタルのリサイクルは加工屑からが中心なのだが、今後はそれをさらに充実させることが重要だ。実際、次世代自動車のモーターに使われる、レアアースを含む高性能磁石、ネオジム・鉄・ボロン磁石の製造過程では、合金原料の約三五パーセントが加工屑として回収、リサイクルされている。

しかしながら、国内におけるリサイクル処理能力が追いつかなくなると、一部の加工屑は海外へ輸出されていく。わざわざ、貴重な都市鉱山の一つである加工屑を海外に出さなくても済むように、リサイクル・システムのさらなる向上が必要になるのはいうまでもない。

また、資源を「B2B（ビジネス・トゥ・ビジネス）の視点で回していくことも重要だ」と原田氏は指摘する。レアメタルなどの鉱物資源が日本のどこに隠れているのかというと、電化製品として全国に流通する前は、それを使って製品を作っていた企業内部にあるわけだ。

そうした企業の内部で、加工屑を再利用する、あるいは使用済みの自社製品からレアメタル部品を回収するなどして、企業のなかにも資源循環のシステムを作ることが大切である。企業内部、または企業間で鉱物資源をリサイクルさせていくことが、日本の都市鉱山の有効活用につながるのだ。

「都市鉱石」と呼ばれる粉

さて、全国の都市鉱山から回収した家電廃棄物から、どのようにして金属や鉱物資源をリサイクルしていくのだろうか。ここでは、その方法について詳しく解説していきたい。

リサイクル工程は、まず資源を取り出し可能な状態にするため、解体してバラバラにすることから始まる。この作業は「破解《はかい》」と呼ばれている。破解とは、家電廃棄物を叩き壊して粉々にするという意味ではない。廃棄物を構成する各パーツ（基盤やネジ、その他の部品）を、ある程度区別できる状態にバラバラにすることだ。

次に、破解して得られた基盤についている半導体チップやメッキなどを剝がす「剝離《はくり》・粉砕」作業を行う。半導体チップやメッキ部分にこそ有用金属が含まれているので、それを基盤などから効率よく剝がして集めることが重要になる。剝離・粉砕作業を行うと、プラスチックや基盤材などが破片状になった片状物と、半導体チップやメッキが剝がされ粉々になった破砕粉に分けられる。

さらに、片状物、破砕粉はふるいにかけられ、四ミリ以上、一ミリ以上、〇・五ミリ以下と大きさによって分別される。その際、〇・五ミリ以下とされた粉こそ、金メッキの金や半導体内部の有用金属が濃縮されたものなのだ。この粉は、地下から掘り出される鉱石に対し、都市から得られた鉱石という意味で「都市鉱石」と呼ばれている。

都市鉱石ができると、いよいよそこから金属を化学的に抽出する作業に入る。都市鉱石、または途中過程でできた片状物から金属を取り出す方法には、大きく希釈《きしやく》型と抽出《ちゆうしゆつ》型の二種類がある。

希釈型は、主に鉄やアルミ、プラスチック、ガラスなどを再生する際に用いられる方法だ。片状物などのスクラップを溶液に入れ、そこに同じ金属の新品かつ高品位の材料（バージン材）を混ぜ合わせて溶かし（これを「希釈」という）、ふたたび素材として利用できる品位に生まれ変わらせるという方法だ。

もう一つの抽出型は、都市鉱石に酸性の薬品をかけたり、鉱石をるつぼ（物質を溶融、灼熱するための耐火性の深皿）に入れて溶かしたりする方法である。鉱石が溶けると液体が流れ出るので、そこから目当ての金属のみを高い品位で抽出する。主に、レアメタルや貴金属類を抽出する際に用いられる。

驚異の３Ｄ粉砕技術

こうした都市鉱山のリサイクル工程においては、いかに大量に、効率よく、家電廃棄物を流し込んでいけるかが大きなポイントになってくる。

リサイクル工程の前段階となる破解、剝離・粉砕作業は手作業によるところが多く、その効率についてもコストについても課題がある。そうした課題に対し、物質・材料研究機構は民間企業と協力し、人の手に頼らなくとも家電廃棄物を破解できる「小型電子機器等破解装置」の開発をしている。

この小型電子機器等破解装置は、携帯電話などの小型電子機器の構造的な強度が、構成部位ごとに異なる点に注目し、普段はかからない「ねじり力」を機器に与えることでバラバラに分解する装置だ。この装置にかかれば、携帯電話であればものの数秒で解体が可能。熟練工の手を借りずとも、効率よくリサイクルに回していける優れた装置なのである。

また、破解後の剝離・粉砕作業においても、物質・材料研究機構は民間企業と協力して「三次元（3D）ボールミル」という装置を開発している。

「ボールミル」とは、物体を粉砕するための装置だ。円筒形の装置本体に粉砕したいもの（粉砕対象）を入れ、それと一緒に金属球やセラミックボールも入れる。装置本体を高速で回転させると、なかに入れた金属球やセラミックボールが粉砕対象に激しくぶつかり、対象物を粉々にしてしまうという仕組みだ。

このボールミル装置の回転軸は、通常横方向にしかついていないが、彼らはこれにさらなる改良を加えている。縦方向、横方向の両方に回転軸を装着し、その回転軸を調整することで回転運動を三次元化することに成功したのだ。

横方向のみの回転軸で回転する従来のボールミル装置では、回転速度が上がるとボールは遠心力で装置内の壁に張りついてしまい、粉砕対象との接触が少なくなってしまうという弱点があった。だが、三次元ボールミルは、その点が大幅に改善されている。

装置の回転運動が縦、横と複雑になるので、装置のなかの金属球やセラミックボールもランダムに動き回り、対象物との接触が増えて効率よく粉砕できるようになったのである。こ

小型電子機器等破解装置

3次元（3D）ボールミル

3次元（3D）ボールミル使用後、粉末状の都市鉱石になった粉砕対象物

都市鉱山のリサイクル装置
（写真提供：独立行政法人物質・材料研究機構、押鐘、ナガオシステム）

の装置を使えば、携帯電話であればわずか数分で都市鉱石を作ることができるという。

九〇パーセント以上の回収目標も

家電廃棄物からレアメタルを回収する取り組みは、物質・材料研究機構だけで行われているわけではない。同じ独立行政法人の石油天然ガス・金属鉱物資源機構（ＪＯＧＭＥＣ）でも積極的に行われている。

このＪＯＧＭＥＣは経済産業省からの委託を受け、二〇〇七年から二〇一〇年までの四年間にわたり、「希少金属等高効率回収システムの開発事業」に従事している。この事業の主目的は、「廃小型電子・電気機器からの希少金属等の回収」「廃超硬工具からのタングステン等の回収」といった二つの視点から、リサイクル技術の開発研究を行うことだ。

「廃小型電子・電気機器からの希少金属等の回収」では、次のような調査・研究が行われている。

・小型家電廃棄物などの実態調査
・金属分布解析システムの開発研究（家電廃棄物の基板に、どのような金属がどのくらいの濃度で含まれているのか分析する）

・廃小型電子・電気機器の物理的個体選別の研究（電子基板などから、希少金属が多く含まれている部位を物理的な方法で選別する）
・粉砕した基板の物理的な選別後の金属濃集物からの金属の化学的浸出と回収についての研究
・レアアースを使用した次世代自動車などに使われるネオジム磁石のスクラップについての効果的なリサイクル法についての技術開発

一方、「廃超硬工具からのタングステン等の回収」では、従来の廃棄された超硬工具からのタングステン回収方法が複数の工程を経て行われた。結果、回収作業におけるエネルギー効率が悪いことから、より効率的にタングステンを回収するにはどうすればいいのかが検討されるに至った。他にも、超硬工具に含まれるその他のレアメタル、コバルトやタンタルなどの回収についての研究も進められている。

ＪＯＧＭＥＣはこの事業に取り組むことで、さまざまな目標を掲げている。たとえばレアメタルの回収については、小型家電廃棄物などの物理的な選別を実施し、そこで得られた都市鉱石から、金、銀、銅、ニッケルは九五パーセント、インジウムは九〇パーセント、タンタルとレアアースは八〇パーセントの回収率を目指している。その他に、ニッケル回収にあたっての使用エネルギーを、四〇パーセント削減することも目標にしているという。「廃超硬工具からのタングステン等の回収」では、タングステンの回収率を九五パーセント、コバルト、タンタルの回収率を九〇パーセントにするとともに、既存の回収方法と比較し、こちらも四〇パーセントのエネルギー削減を目標としている。

技術革新のセオリーとは何か

また民間企業においても、レアメタルのリサイクル技術の開発が進んでいる。二〇〇九年一二月一四日づけの日立製作所のニュースリリースによれば、同社は経済産業省の「平成二一年度新資源循環推進事業費補助金(都市資源循環推進事業—高性能磁石モーター等からのレアアースリサイクル技術開発)」を活用し、レアアース磁石の分離・回収装置の開発、使用済み磁石の再生技術の検討を行ったという。

その後、リサイクル全体のコスト試算などを経て、二〇一三年を目途《めど》にリサイクル事業の開始を目指すと公表している。

リサイクル事業の内容は、主にハードディスクドライブやエアコンに使われているモーターから、レアアース磁石を効率よく分離・回収する装置を開発すること。そして、回収した磁石をレアアース磁石として再生する可能性を検証し、低コストで環境負荷が少ない新たな再生技術の開発に着手するというものだ。

さらに、ハードディスクドライブからのレアアース磁石の回収では、現在行われている手作業による分解作業の五倍以上の能力を持つ装置の開発を目標にするという。

他にも、DOWAホールディングスの二〇一〇年一一月九日づけのニュースリリースでは、同社の子会社であるDOWAエコシステムが、リチウムイオン電池の製造工程から発生するスクラップや、使用済み電池のリサイクル事業を商業化したと発表している。

ニュースリリースによると、DOWAエコシステムでは、リチウムイオン電池の材料製造から最終製品製造に至るまでの過程で、各メーカーから発生する工程スクラップと使用済み電池を回収、また、正極材スクラップからは高純度のコバルトを回収し、電池の正極材原料としてリサイクルしていくという。

さらに同社は、リチウムイオン電池から高濃度のリチウムを精製する技術開発にも成功しており、リチウムイオン電池用の原材料としてリチウムを供給することも検討しているとのことだ。

レアメタルのリサイクル技術にはまだ課題もあるが、さまざまな機関、企業がその開発を進めている。そして、実際の事業化を目指した動きも始まっていることから、今後、この分野の技術革新はさらに加速することになるはずである。

つい昨日までは「なかなか難しいだろう」と思われていたことも、明日には実現の目途がつき、明後日には実際に商業化されている……。それが、技術革新のセオリーなのだ。

第四章　世界最大級の資源を誇る日本の海

世界第一位の海底資源量

「私たちの国、日本は、とても広い国である」

海洋問題のスペシャリストである東海大学海洋学部教授の山田《やまだ》吉彦《よしひこ》氏は、その著書『日本の国境』（新潮新書　二〇〇五年）の冒頭でこう述べている。事実、日本は海に目を向けるととても「広い国」であり、そのポテンシャルは計り知れないのだ。

日本の陸地としての国土（領土）面積は、約三八万平方キロメートルで世界第六一位ではあるが、日本の領土となると、東は南鳥島《みなみとりしま》、西は与那国島《よなぐにじま》、南は沖ノ鳥島《おきのとりしま》、北は択捉島《えとろふとう》に広がっている。そこから生まれる領海と、日本が経済的権益をもつ排他的経済水域（ＥＥＺ）を合わせた海の面積は、約四四七万平方キロメートル。何と、アメリカ、オーストラリア、インドネシア、ニュージーランド、カナダに次いで世界第六番目の広さになる。

そうした日本の広大な海には、「海底熱水鉱床《かいていねっすいこうしょう》」や「コバルト・リッチ・クラスト」と呼ばれる、レアメタルなどに富んだ海底鉱床が存在する。また、海水からもリチウム、ウランを始め、実にさまざまな鉱物が採取できるのである。海は日本に発展をもたらす、「資源フロンティア」といっても過言ではないだろう。

繰り返しになるが、日本の資源は地下資源ばかりを見ていても、本当のポテンシャルは見

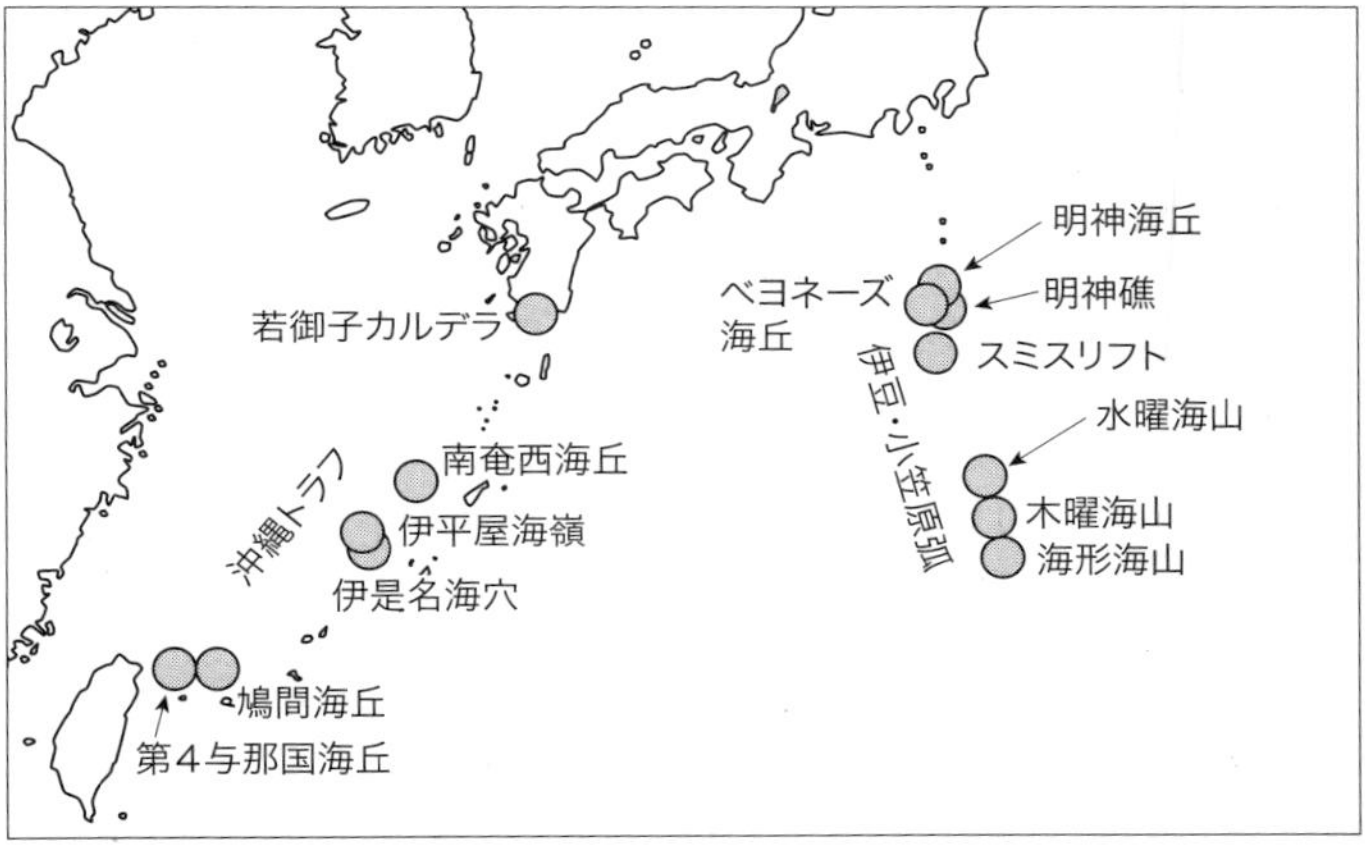

図表4　日本周辺の海底熱水鉱床の分布

出典：JOGMEC提供資料をもとに作成

えてこない。日本の資源ポテンシャルは、都市鉱山とともに海に目を向けることで、初めて広い視野で量ることができるのだ。

さて、レアメタルに関する新たな供給源として期待されているのが、日本の排他的経済水域と大陸棚延伸可能域内に存在する海底鉱物資源である。その一つが、レアメタルも含んだ海底熱水鉱床だ。

そもそも、海底のさらに下には地中が広がっているわけだが、そこには多くの海水が浸透している。地中の海水は地熱やマグマにより熱せられ、地中に含まれる金属とともに熱水として噴出することがある。噴出した瞬間、熱水は冷たい海水によって冷却され、熱水に含まれていた金属が凝固する。それらが海底に沈殿し、鉱物の床——

すなわち鉱床＝海底熱水鉱床を作るのである。

こうしてできた海底熱水鉱床には、銅、鉛、亜鉛、金、銀といったコモンメタルのほか、ガリウム、ゲルマニウム、テルル、セレンといったレアメタルも含有されている。そして驚くべきことに、日本の海底熱水鉱床の資源量は何と世界第一位とされているのである。

この海底熱水鉱床の多くは、沖縄トラフ及び伊豆・小笠原諸島沖（ベヨネーズ海丘他）にて発見されている（図表４）。鉱床は主に五〇〇メートルから一七〇〇メートルの水深に分布しており、これは諸外国の鉱床と比べると、かなり浅い部分に存在していることになる。したがって、開発には大変有利であり、日本の新たな資源供給源とされているのである。

二〇〇兆円規模の資源量

注目の日本近海の海底資源だが、その資源量は二〇〇兆円級とされている。間違いなく世界最大規模といえるだろう。海底熱水鉱床の資源探査が本格化すれば、都市鉱山とともに、日本独自の資源エネルギー確保の道が開けるに違いない。

当然、海底熱水鉱床の存在には、日本政府も早くから注目しており、二〇〇八年三月、まず「海洋基本計画」が閣議決定された。これは、海洋に関する施策の総合的、計画的な推進を図ることを目的に立ち上げられたプロジェクトである。

さらにこのプロジェクトに基づき、二〇〇九年三月二四日に開催された総合海洋政策本部会合（本部長は当時の麻生太郎首相）では、「海洋エネルギー・鉱物資源開発計画」が了承されている。メタンハイドレートや、日本独自の海底鉱物資源として期待される海底熱水鉱床の実用化に向けた、探査・技術開発にかかわるロードマップ（道筋）がここに示されたのだ。

この「海洋エネルギー・鉱物資源開発計画」では、海底熱水鉱床の開発を二期に分けて推し進める。具体的には、二〇一二年度までの開発を第一期、二〇一三年度から二〇一八年度までの開発を第二期とする計画だ。そのなかで、資源量評価、環境影響評価、資源開発技術の検討、製錬技術の検討などを行い、二〇一八年度から商業化へと移行していくという。

実際に先の沖縄トラフ及び伊豆・小笠原諸島沖（ベヨネーズ海丘）の海域において、二〇一一年より石油天然ガス・金属鉱物資源機構（ＪＯＧＭＥＣ）を中心に民間企業二社が加わり、試験機を海中に入れテストを開始する予定だ。二〇一一年はそういった意味でも、海洋資源フロンティアの元年といえるのではないだろうか。

さて、海底熱水鉱床から得られる鉱物資源ポテンシャルとして、とくに期待されるのがガリウムだ。

ガリウムは、発光ダイオード（ＬＥＤ）やＣＩＧＳ系薄膜太陽電池、燃料電池用電解質に使われる、環境エネルギー技術と関係が深い鉱物である。しかも、海底熱水鉱床のガリウムの品位は、地下資源のそれと比べても品位に遜色《そんしょく》がなく、資源の有用性が期待されているのである。

日本は現在、ガリウムの多くを輸入に頼っている。その内訳は、中国から約四〇パーセント、台湾から約三〇パーセント、カザフスタンから約一七パーセント、アメリカから約六パーセント、ロシアから約三パーセント。海底熱水鉱床からの資源供給が本格的に実施されるとなれば、資源リスクの大きな低減につながることは間違いない。

ちなみに海底熱水鉱床は、石垣島周辺海域でも発見されている。そうした新鉱床の発見を含め、経済産業省では今後、資源量の詳細を調査していく予定だ。その過程で石垣島からほど近い尖閣諸島近海でも、新しい鉱床が発見されることもあるかもしれない。

そこで懸念《けねん》されるのが、中国の動きである。資源問題にはどこよりも敏感かつ強欲《ごうよく》な国なので、沖縄トラフに存在する海底熱水鉱床を知らないはずがない。近い将来、新たな鉱床が発見された場合など、またもや資源ナショナリズム的な行動に打って出てくる可能性は十分にある。

膨大なレアアースを含む海底鉱床

日本の海底鉱物資源として期待されるものが、もう一つある。それは、コバルト・リッチ・クラストだ。

コバルト・リッチ・クラストとは、海底の岩石を皮殻《ひかく》状に覆う鉄マンガン酸化物の鉱床だ。主に海底火山の跡など、海底が周囲より盛り上がっている「海山」と呼ばれる地形の斜面にできやすい。他にも、海山の頂上など、岩盤の露出する場所に形成される。

日本ならば、沖ノ鳥島周辺海域や南鳥島周辺海域の排他的経済水域に存在している。このコバルト・リッチ・クラストについても、日本は世界第二位の資源量が試算されている。

コバルト・リッチ・クラストには、マンガン、コバルト、ニッケル、プラチナといったレアメタル類や、銅などが含有されている。なかでもとくに期待されるのが、レアアースのポテンシャルだろう。

大阪府立大学大学院工学研究科の海洋システム工学分野教授山崎哲生《やまざきてつお》氏は、日本海域におけるコバルト・リッチ・クラストからのレアアース自給の可能性を指摘している。山崎教授によると、コバルト・リッチ・クラストには銅などのコモンメタル以上に、希少《きしょう》なレアアースが多分に含有されており、その含有率は中国のイオン吸着鉱に匹敵するとしている。

つまり、コバルト・リッチ・クラストの潜在的資源量世界第二位を誇る日本は、自国の豊富な資源を開発することで、中国に依存しているレアアースを、国内から調達することができる可能性が出てきたということだ。

また、独立行政法人産業技術総合研究所（ＡＩＳＴ）では、世界のレアアース鉱床の資源量評価と、新たな重希土類元素の供給源の研究を行い、日本で採掘された層状マンガン鉱床の鉱石七二試料を選定。その構成鉱物の組み合わせ、化学組成などを分析したところ、北海道や四国に分布する鉄成分に富んだ鉄マンガン鉱石に、レアアースが多く含まれていると把握するに至った。

同研究所は、層状マンガン鉱床は海底で噴出した玄武岩《げんぶがん》と、その上に堆積《たいせき》した珪質岩《けいしつがん》に挟まれており、海底熱水活動の強い影響下で形成されたタイプであると見ている。そして、これらの鉄マンガン鉱石に含まれるレアアースは、玄武岩噴出にともなう海底熱水活動によって沈殿したレアアースが、海底下で鉄水酸化物に吸着、濃縮されることで鉄マンガン鉱石に含有されたと考えられているのだ。

さらにこれらの鉱石は、レアアースのなかでも重希土類元素に富んでいると分析。その含有量は、重希土類元素の供給源となっている、中国のイオン吸着鉱の花崗岩《かこうがん》風化型鉱床よりも多いとしているのだ。

さらに、レアアースが分解の容易な形態でマンガン鉱石に含有されていること、第二章で紹介したトリウムなどの放射性元素をほとんど含まないことから、レアアース鉱床としての開発ができる可能性が高いと報告している。

かつて海の底で形成された海洋プレートは、長い年月をかけて移動と変形を繰り返し、その過程で陸上に層状マンガンの鉱床が現れた。そこから採取された鉄マンガン鉱石に、中国への依存度が極めて高い重希土類のレアアースが含まれていることが分かった。しかもそれは、高い含有率を誇ることが分かり、あわせて開発に有利な組成条件も確認されたのだ。

日本では陸上の層状マンガン鉱石はすでに採掘が終了している。だが、それと同じような性質を持つものであれば、海底で形成されたコバルト・リッチ・クラストでも、重希土類を多く含むレアアースを獲得できる可能性は高いことが証明されたのである。

世界で始まる鉱山再開の動き

ところで、二〇一〇年から始まった中国の日本への実質的なレアアース輸出禁止を受け、世界はチャイナヘッジのために閉山していたレアアース鉱山の再開、新たなレアアース鉱山の開発計画を考えている。世界各地の主な開発計画は、次の通りだ。

・オーストラリア　Mount Weld 鉱床（二〇一一年生産開始予定）
・カザフスタン　ウラン残存物からのレアアースの回収（二〇一一年生産開始予定）
・アメリカ合衆国　Mountain Pass 鉱床（二〇一二年生産開始予定）
・ベトナム　Dong Pao 鉱床（二〇一二年生産開始予定）
・オーストラリア　Duddo 鉱床（二〇一二年生産開始予定）
・南アフリカ共和国　Steenkampskraal 鉱床（二〇一二年生産開始予定）
・カナダ　Thor Lake 鉱床（二〇一四年生産開始予定）
・カナダ　Hoidas Lake 鉱床（二〇一四年生産開始予定）
・グリーンランド　Kvanefjeld 鉱床（二〇一四年生産開始予定）
・オーストラリア　Nolan's Bore 鉱床（二〇一四年生産開始予定）

このように各国のレアアース鉱山開発が活発化すれば、レアアースの軽希土類に関しては、中国以外の商品が市場にも出回るようになると考えられる。ただ問題なのは、重希土類のほうである。

重希土類は、環境エネルギー技術に不可欠な鉱物だ。たとえば電気自動車の駆動モーター用の永久磁石は、重希土類のジスプロシウムをその材料としなければ、耐熱性が高く強い磁力を持つ磁石が作れない。そして、世界のレアアース鉱山の開発が進んでも、相変わらず重希土類に関しては中国に依存する状況が続きそうなのだ。

だが、コバルト・リッチ・クラストの潜在的資源量世界第二位を誇る日本の海底から、重希土類を多く含んだレアアースを採取し、その品位に問題がなく、さらに抽出《ちゅうしゅつ》法も難しくなさそうだということになれば、形勢逆転の期待は一気に膨らむ。

コバルト・リッチ・クラストには、レアアースの他にも、モリブデン、タングステン、白金族、テルルなど、地下資源の平均含有量と同等、もしくはその一〇倍以上の含有量の鉱物も多い。

そもそも、なぜ「コバルト・リッチ・クラスト」と呼ばれているかといえば、コバルトの含有率が地下資源における平均含有量の一〇〇倍以上だからだ。文字通り「コバルトがリッチに含まれている」からそう命名されたのであるが、山崎教授は、コバルトだけでなくその他のレアメタルも多く含んでいるので、もはや「レアメタル・リッチ・クラスト」と改名したほうがよいとさえしている。

海の資源に群がる強国たち

海底鉱物資源の話は、壮大な夢物語のように思えるかもしれない。そして、海底鉱物の採鉱、鉱物の引き揚げなど、技術的な課題やコストの問題で、実際は困難ではないかと考える人も少なくないだろう。だがすでに、各国とも将来的な資源供給不安への対策に乗り出し、新たな資源の供給源を探し始めている。

また資源メジャー、資源ジュニアと呼ばれる各国の資源探査会社も海底鉱物資源には注目しており、その動向からは一瞬たりとも目が離せない状況になりつつあるのだ。

そんな資源ジュニアの一つに、イギリスのネプチューン・ミネラルズ社がある。パプアニューギニア、ニュージーランドなどで海底鉱物資源の探査、開発活動を行っており、ネプチューン・ミネラルズ・ジャパンという名の日本法人もある。

このネプチューン・ミネラルズ・ジャパンは、二〇〇七年二月に外資系として初めて日本の排他的経済水域（伊豆諸島、小笠原諸島、沖縄近海など）における試掘権の申請を行っている。

ところが、同社の試掘権申請から三年一〇ヵ月後の二〇一〇年一二月、経済産業省は国内の鉱物資源の管理強化に乗り出す方針を固めた。世界的な資源獲得競争が激しさを増す時世である。日本近海の天然ガスや海底鉱物といった海洋資源の乱開発、海外企業の資源囲い込みの動きを点検するため、鉱業法を改正して対処していくと決めたのは賢明な処置といえるだろう。

改正後の鉱業法だが、従来のほぼ自動的に申請順に認めてきた試掘や採掘の権利を国が審査し、その可否を決める許認可制になった。また、鉱業権に関しても国が審査して可否を決定するものに変わっている。驚くのは、今までの日本には外国の資源調査船が入ってきても、それを規制する国内法がなく、取り締まりがほとんどできていない状態だったということだ。

排他的経済水域における外国船の探査については、沿岸国の同意が必要とされているが、過去にも日本の排他的経済水域である沖ノ鳥島近海で、中国が無断で海洋調査を行ったことがあった。また、南鳥島の周辺海域においても、中国、韓国、ロシアが海洋調査を無許可で行っており、事態を重く見た日本が規制強化にいよいよ乗り出したのだ。

今や、各国とも積極的に海洋資源開発に乗り出す時代となった。隣国の韓国は、マンガン団塊の調査開発として、二〇〇九年に水深六〇メートルでの資源開発システム実験を行っている。続く二〇一〇年には、水深一〇〇〇メートルでの実験も成功したといわれている。

この「マンガン団塊」とは、水深およそ四〇〇〇メートルから五〇〇〇メートルの海底に分布している鉱床である。直径二センチから一五センチ程度の楕円《だえん》体をしたマンガン酸化物の塊《かたまり》が集積し、広大な鉱床を形成しているのだ。

マンガン団塊は主に、ハワイ沖などの公海上に分布しており、コバルトやニッケル、マンガン、レアアース、銅など三〇種類以上の有用金属を含んでいるとされている。韓国は二〇〇八年から二〇一〇年にかけても太平洋のトンガ周辺海域で調査を行っており、二〇一二年には採鉱実験も行うとのことだ。

ちなみに中国は、二〇〇一年にマンガン団塊の調査開発のため、水深一五〇メートルでのシステム実験を行い、二〇一〇年には水深一〇〇〇メートルで行う実験の準備を始めたと伝えられている。また、インドも中国と同様に、二〇〇〇年に水深四一〇メートルでのシステム実験を行い、二〇一〇年には水深一〇〇〇メートルでの実験を行うための準備段階に入ったとされる。

この他にも、海底鉱物資源からレアアースを取り出そうとする動きも盛んだ。

韓国は、先のマンガン団塊中からのレアアース抽出に関心を示しているほか、南太平洋島《とう》嶼《しょ》諸国の排他的経済水域内や中央太平洋海山群、さらには中部太平洋マゼラン海山群などでコバルト・リッチ・クラストの調査を実施している。

また、中国やロシアも韓国同様、コバルト・リッチ・クラストの調査を実施しており、ロシアなどはボーリングマシンを活用した先進的な調査を行っている。アメリカでは、アメリカ地質調査所（USGS）が二〇〇三年から二〇一一年という長期間にわたり、「Pacific EEZ Minerals」というコバルト・リッチ・クラストの評価と、レアアース抽出のフィージビリティー（実現可能）調査を実施。この他にも、ドイツがマンガン団塊からのレアアース抽出に関心を示しており、資源の評価作業を行っているという。

ちなみに、南太平洋島嶼諸国の海域でも、資源メジャーが海底の鉱物に関心を示しており、イギリスのアングロ・アメリカン社、カナダのテック・コミンコ社といった錚々《そうそう》たる資源メジャーを株主に持つ、カナダのノーチラス・ミネラルズ社が資源探査と開発を行っている。彼らは、パプアニューギニア、フィジー、トンガ、ソロモン諸島などで探査・開発を行っており、二〇一二年から二〇一三年頃には商業生産者とならんと目論《もくろ》んでいる。

思えば、二〇年前から三〇年前までは、海底鉱物開発にはさまざまな技術的課題がつきまとっていた。しかし現在は、ＧＰＳなどの洋上測定技術、船位保持・制御技術、海中測位技術、サイドスキャンソナーや超音波センシングといった海中弾性波技術、海中ケーブル技術、そして、海中ロボット技術などが劇的な進歩を遂げている。もはや、海底鉱物開発における技術的なハードルはかなり低くなっているといえるだろう。

日本の海底を歩くカニ脚ロボット

さて、海底鉱物資源の開発は、実際にはどのように行われるのだろう。その手順を簡単に説明してみよう。

まず、海底から鉱物を掘り出す「採鉱」が行われ、次にそれを選り分ける作業「選鉱」へと移る。それが終わると、選り分けられた鉱物は採鉱船に引き揚げられる。引き揚げといっても、単純に引っ張り上げればよいというものではない。採鉱船への引き揚げ作業は「揚《よう》鉱《こう》」と呼ばれ、海底資源開発においては重要なポイントとなっているのだ。

引き揚げられた鉱物は船上において、「二次選鉱」でさらに選り分けられ、陸上の製錬場へと運搬される。そこで有用金属を取り出す作業である「製錬」があり、最終的に金属化される。これが、海底鉱物資源の開発手順だ。

こうした一連の工程のなかで、日本に技術的利点があると考えられるのは採鉱技術である。海底鉱物資源の開発においては、何はともあれ海底の鉱物を採掘できなければ始まらない。そこで海底での採鉱には、潜水艇と掘削機の機能をあわせもった最新鋭の採鉱機が使われる（図表5）。

これは、海上から遠隔操作で運転できる無人ロボットで、前述した沖縄トラフなどの海底熱水鉱床では、カニのような脚をもつロボットによる採掘も検討されている。海底は足場が不安定なため、キャタピラーつきのロボットではスムーズに移動できない場所もあるからだ。

こうした採鉱作業には、高度な技術が求められる。自由に動ける陸上と違い、深海の底で

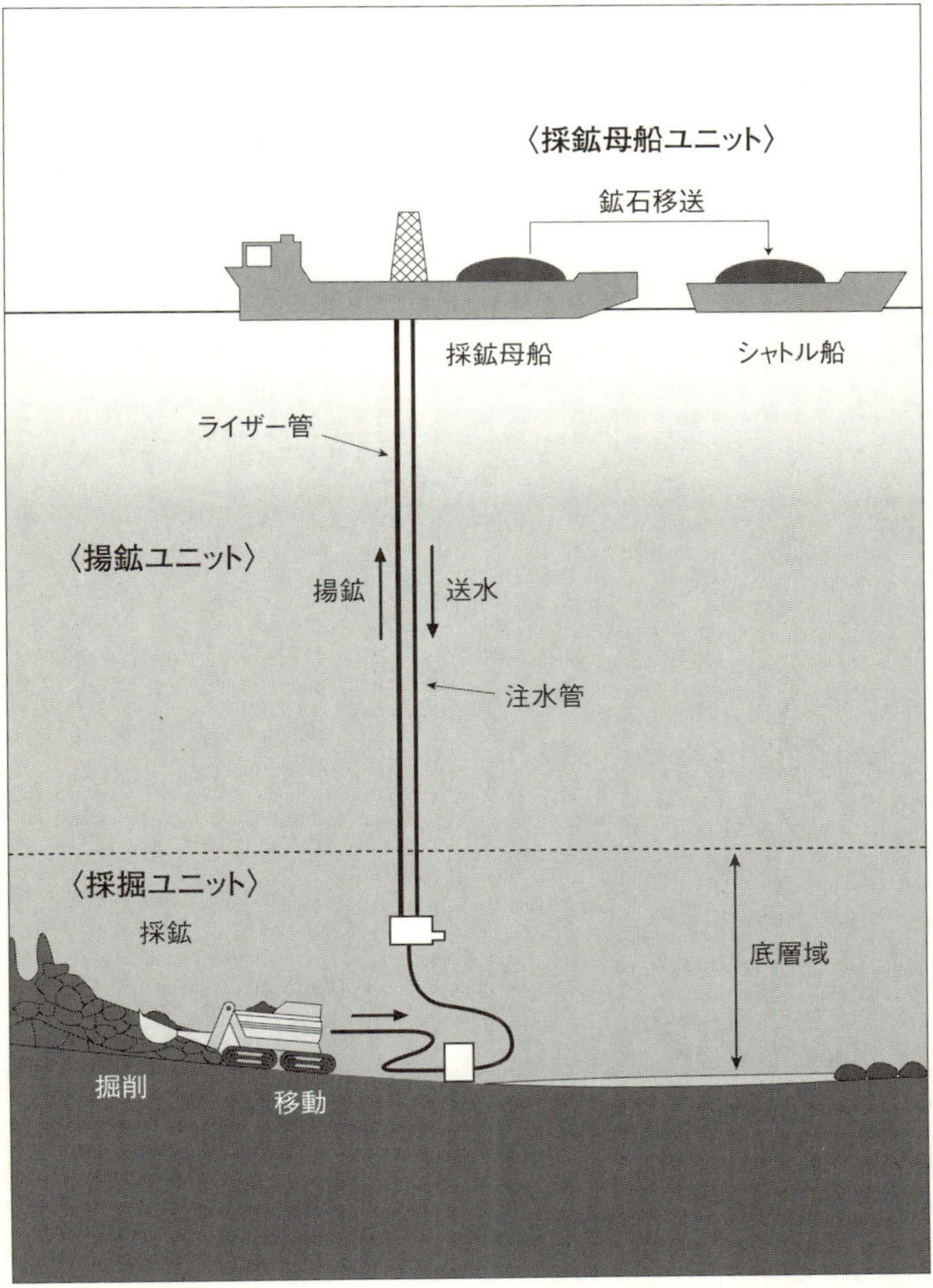

図表5　海底鉱物資源の採鉱

※出典：JOGMEC提供資料をもとに作成

の採鉱となるため、当然のことであろう。とくに高度な潜水技術、採掘ロボットなどを遠隔操作できるロボット技術、そして、過酷な条件でも正確な作業を行うことができる掘削・掘進技術の開発は必須なのだ。

三一七キロ航走した海底ロボット

次に採鉱作業に求められる技術として、まずは潜水技術について触れてみたい。

深海という過酷な環境下で鉱物資源の調査を行う場合、もちろん陸から泳いでいくわけにはいかない。深い海のなかでも、地上にいる時と同じように活動できる調査艇が必要なのである。この深海調査艇というと、有人深海潜水調査艇「しんかい２０００」を思い浮かべる人も多いだろう。

「しんかい２０００」は一九八一年に完成し、二〇〇四年三月まで運用された。最大二〇〇〇メートルの深海を人を乗せて航行できるということで、当時、大変話題になったものだ。

それから一〇年も経たない一九九〇年、しんかい２０００の後継機として、世界で唯一水深六五〇〇メートルの深さにまで潜れる有人調査艇「しんかい６５００」が完成した。「しんかい６５００」は、一九九一年から調査潜水を開始、日本の高度な潜水技術が生み出した名機といえるだろう。

こうした「しんかい」シリーズがある一方で、海底での探査においては、無人の探査機も活躍している。独立行政法人海洋研究開発機構（ＪＡＭＳＴＥＣ）は、「かいこう７０００Ⅱ」「ハイパードルフィン」、そして「うらしま」といった無人深海探査機各種を所有している。

ＪＡＭＳＴＥＣの所有機のなかでも特筆すべきは、水深六五〇〇メートル以上の深海底に唯一潜航できる「かいこう７０００Ⅱ」だ。海底の堆積物や生物、微生物の採集、地震計からのデータ回収などが可能な探査機で、船上からつないだケーブルによって電力供給と光双方向通信を行い、遠隔操縦する。このように日本は、潜水技術の分野で高い技術力を有しており、それが日本の海底資源を有効活用する最初の決め手となっているのだ。

そうした日本の潜水艇技術とロボット技術がハイレベルで融合したものといえば、やはりＪＡＭＳＴＥＣの深海巡航探査機「うらしま」になる。「うらしま」は、「ＡＵＶ（Autonomous Underwater Vehicle）」と呼ばれる自律型海中ロボットの試験機だ。これは、船上からケーブル接続に頼ることなく、あらかじめ設定されたプログラムにしたがって、自律で深海探査を行える水中ロボットである。

「うらしま」の最大潜航深度は、三五〇〇メートル。二〇〇五年二月には、水深八〇〇メートル、片道二五キロメートルの折り返しコースを五六時間にわたり航走。その結果、連続長距離航走三一七キロメートルという世界記録を達成したのである。

世界が認めた技術とデータの蓄積

潜水技術、ロボット技術に続き、海底鉱物資源の開発において必要となる掘削・掘進技術。

これについては、日本は炭鉱掘削で培《つちか》ってきた高度な掘削技術を、さまざまな掘削作業に応用しており、世界トップクラスの掘削・掘進技術を持っている。

「二〇世紀最大のプロジェクト」と謳《うた》われ、一九九一年に開通した全長約五〇キロメートルの英仏海峡海底鉄道（ユーロトンネル）。この長大な海底を貫くトンネル掘削に貢献したのは、他ならぬ日本企業の技術だった。

このプロジェクトでは、日本製の掘削マシンが諸外国の掘削機とともに活躍。海面下約一〇〇メートル（一〇気圧）という厳しい条件のもと、地中を最高月進一二〇〇メートルの高速で掘り進み、約二〇キロメートルの長距離を連続掘削しているのである。

同プロジェクトは、アメリカ土木学会が選ぶ二〇世紀の一〇大プロジェクト「Monuments of Millennium」にも選定されており、このことからも日本の掘削・掘進技術が世界最高峰であることが分かるだろう。

こうした技術の裏づけとともに、日本はその探査や調査の実績でも海外から高く評価されている。そして、長年の調査・研究から得られた技術として、日本が世界に誇れるものがまだある。それは、海底鉱物資源開発にかかわる環境影響評価技術だ。

海底鉱物資源の開発に携《たずさ》わるということは、少なからず海底の自然環境に人間の手が加わることを意味している。したがって、事前にその環境に与え得る影響評価を十分に行うことは、開発の前提条件になってくる。

そもそも海底鉱物資源の開発は、地上の鉱物資源開発に比べると、まだまだ未開拓の分野であり、どの国にも他国に先行して着手してやろうという思いは、多かれ少なかれあるだろう。ところが無秩序な開発が行われれば、海洋環境破壊や海洋における新たな資源ナショナリズムの台頭に拍車がかかる危険性も秘めている。

そうした事態を考慮して、現在、国際海底機構（ＩＳＢＡ）では海底鉱物資源の探査、開発におけるガイドラインを策定中だ。彼らによって、これからの海底鉱物資源の開発における国際的なルールは徐々に整備されていくのではないか。

このような動きがある一方で、日本はいち早く海底鉱物資源開発における環境影響評価の研究を進めていた。一九九四年には、マンガン団塊鉱床において模擬集鉱機を使い、実際に海底をさらった場合に巻き起こる沈殿物の土煙が、生態系にどのような影響を与えるかの調査を行っている。しかも、かなりの時間をかけての調査である。

海外が日本を高く評価するのは、こうした長期間にわたるモニタリングでデータを蓄積するといった環境影響評価手法や、蓄積されたデータそのものが他に類を見ないものだからだ。

環境に配慮した高い技術とデータ蓄積は、海底鉱物資源開発における日本の国際競争力を高めるアドバンテージに成り得る――。先の大阪府立大学の山崎教授は、そう指摘している。

熾烈化するリチウム獲得競争

二〇一〇年一二月八日、首相官邸にて菅直人《かんなおと》首相はリチウム資源の一大国であるボリビアのモラレス大統領と会談。同国のリチウム資源の開発と、その産業促進化への協力を含めた「日本・ボリビア共同声明」を発表した。

共同声明では、今後、ボリビアのウユニ塩湖でのリチウム資源開発に両国が携わり、リチウム資源関連産業（たとえばリチウム電池）の育成に協力していくことを明らかにした。そしてボリビアは、リチウムを活用したハイテク産業を振興する目的で、パイロットプラントでの実験を行うことになり、実験には日本も参加。日本は同プラントにおける実験に日本企業、及びJOGMECが参加することを確認したのだ。

ボリビアのウユニ塩湖は、およそ東京都の六倍の面積を持ち、世界のリチウム埋蔵量の約半分が眠っているといわれている。いわば、日本とボリビアの共同声明は、激化するリチウム資源獲得のために打たれた日本の資源外交の一手といえる。

これより以前の二〇〇九年には、韓国の李明博《イ・ミョンバク》大統領の実兄である李相得《イ・サンドゥク》議員が、大統領特使としてボリビアを訪問。「リチウム開発および産業化共同研究了解覚書」「リチウム資源産業化共同委員会構成および人材交流」といった、日本と同様の内容の覚書をボリビアと交わしている。「日本と同様の」と書いたが、実際は韓国が日本よりも早くボリビアと交わしているわけだから、日本が韓国と同様の約束をボリビアと交わしたというべきだろう。

もちろん、ボリビアのリチウムを獲得しようとしているのは、日本と韓国だけではない。二〇〇九年には、フランスのサルコジ大統領がボリビアを訪問し、自らモラレス大統領に働きかけるというトップ外交を果敢に仕掛けている。また中国は、ボリビアに対し「一〇〇億ドル規模」といわれる経済援助や、中国青海省《せいかいしょう》の塩湖で行っているリチウム資源開発の実績をもとにした売り込みを行っている。

一方のボリビアもさるもので、どの国とどのようなパートナーシップを組むかは明確にしていない。モラレス大統領は、「二〇一一年に最終決定する」と述べるにとどめているとのことで、おそらく最終決定までに各国に対して、さまざまな条件をあらためて提示してくるものと考えられる。

「イオンふるい吸着剤」の凄さ

現在、開発が進んでいるリチウム鉱床の多くは、チリやボリビアといった南米の塩湖で産出される炭酸リチウムが主となっている。だが、リチウムは塩湖にのみ存在するわけではなく、そもそも海水のなかに、〇・一パーツ・パー・ミリオンから〇・二パーツ・パー・ミリオンの濃度で溶け込んでいるものなのだ。南米の塩湖にしても、元々は数千年前のプレート衝突の影響で海水が持ち上げられて形成されたといわれている。

現在、日本が取り組んでいるのは、そうした海水からリチウムを取り出す研究だ。独立行政法人の産業技術総合研究所・四国センターでは、まさにその研究が進行中である。

海水にリチウムが含まれていることは分かっているが、同じアルカリ金属イオンのナトリウム（Na）も、リチウムの二万倍以上の量で海水に含まれている。そして、海水からリチウムを抽出する課題は、どうやって効率よくリチウムだけを取り出すかという点に尽きる。

そこで同研究所では、リチウムイオンの特性を徹底的に研究。海水からリチウムイオンだけをふるい分けて選択し、吸着・収集する「イオンふるい吸着剤」の開発に成功したのだ。

イオンふるい吸着剤を詳しく説明すると、少々難解な化学の話になってしまうので、ここでは簡単に説明してみよう。

まず最初に、マンガン化合物とリチウムを混合させたものを加熱し、凝固させたリチウムマンガン酸化物を生成する。このリチウムマンガン酸化物を酸処理し、リチウムマンガン酸化物はそのままにリチウムだけを抜き取る。そうすると、リチウムマンガン酸化物からリチウムだけが型抜きされ、リチウムのサイズにぴったりの穴の開いたリチウムマンガン酸化物でできた鋳型《いがた》ができ上がる。

そして、海水に溶けているナトリウムイオンやカリウムイオンはリチウムイオンより大きいので、鋳型の穴に入ることなくふるい分けられ、大きさがぴったりのリチウムイオンだけを吸着して回収するという仕組みだ。

このイオンふるい吸着剤を使うと、吸着剤一グラムにつきリチウム四〇ミリグラムの吸着が可能になり、世界トップレベルの吸着力ということになるのだ。同研究所では、実用化に向けてこの吸着剤の大量製造技術についても研究を進めている。

さて、このイオンふるい吸着剤を使ったリチウム採取システムの確立に努めているのが、海上技術安全研究所だ。

吸着剤を利用して海中からリチウムを採取する際、最適な条件は、リチウムを含む高濃度の海水と吸着剤が常に均等に混合している状態である。そこで同研究所では、日本の海特有の黒潮の速い流れや台風の影響などによる厳しい条件下でも、最適な状況が確保できるように浮体式の海中リチウム採取システムの開発に注力している。

他にも広島大学や北九州市立大学などで、海中からのリチウム回収技術における活発な技術研究が行われている。

海上技術安全研究所によると、陸上のリチウム資源量は一四〇〇万トン程度とされるが、海水に含まれるリチウムは何と約二〇〇〇億トンという膨大な量と推定されている。だが、こうした海のリチウムに注目しているのは、当然日本だけではない。

二〇一〇年二月三日、韓国最大の製鉄会社ポスコは、政府と組んで海水からのリチウム抽出ビジネスに乗り出すことを公表した。ボリビアへの資源外交を他国に先駆けて進めるなど、昨今の韓国の資源開発に関する動きは、大統領のリーダーシップのもと迅速に展開されている。海水からのリチウム抽出についても、予想以上の速さで追い上げてくるだろう。

そして、海水からのリチウム抽出への関心は、日本や韓国ばかりでなく、さまざまな国で高まることは必至である。そうした状況において、日本はその資源の供給源となる豊かな海に囲まれているだけではなく、海水からリチウムを取り出す技術も極めて高い。

そう考えると、日本がリチウム資源外交から解放される日も、そう遠くはないのかもしれない。

原子力発電にシフトする各国

これまであまり詳しく触れてこなかったが、環境エネルギー技術として現実性の高いものとされているのが原子力発電の分野だ。

原子力発電はその発電過程で二酸化炭素を排出しないことから、各国での導入が増加する見通しにある。日本においても、すでに原子力発電は日本の電力供給の一部となっており、二〇〇六年度の実績では、日本の年間発電電力量九九〇〇億キロワットアワーのうち約三一パーセントが原子力発電で供給されている。

先頃、国際エネルギー機関（ＩＥＡ）から公表された「エネルギー技術展望（ＥＴＰ）２００８」でも、原子力発電の有用性は指摘された。そこでは、二〇〇八年の洞爺湖《とうやこ》サミットで合意された「二〇五〇年までに二酸化炭素排出量を世界で半減する」ためには、世界全体で年間三二基の原子力発電所を新設し続けなければ達成できないと述べている。

しかも驚くべきことにこのシナリオは、太陽光や風力発電、バイオマスなどの再生可能エネルギー、さらには電気自動車やプラグインハイブリッド車、燃料電池車といったあらゆる分野での技術革新を、総動員したと仮定したうえでの予測結果なのだ。

年間三二基の原子力発電所が必要とはいささか驚きだが、それほど二酸化炭素を半減するというのはハードルが高いということなのだろう。

ちなみに、このＩＥＡは、一九七四年に設立された独立機関である。石油供給の物理的な途絶リスクに対して、加盟国が集団になって対処することでエネルギー安全保障を促進すること、健全なエネルギー政策について加盟国に助言を行うことを目的とした、世界のエネルギー政策に影響力をもつ国際機関だ。

また、国際原子力機関（ＩＡＥＡ）の二〇一〇年三月時点のデータによると、世界で建設中の原発は五六基（合計出力五一八五万キロワット）。その内訳は中国が二一基、ロシアが九基、韓国が六基、インドが五基などとなっている。

この他、アラブ首長国連邦とベトナムも原発発注を決めており、さらには原発推進に消極的だったアメリカでも、オバマ政権になって動き出した。二〇一〇年二月に、国内で三〇年ぶりとなる原発建設に関する政府保証枠を、現行の一八五億ドルから約三倍の五四〇億ドルに積み増す方針を打ち出したのだ。

また、その直後、自国の電力会社が計画している、二基の原発計画に約八〇億ドルの政府保証を供与すると発表するなど、超大国アメリカも原子力発電を積極的に推進する方向に舵《かじ》を切っている。

日本でも二〇一〇年六月に閣議決定された「新成長戦略」のなかに、原子力の着実な利用が盛り込まれるなど、原子力利用は今や世界的なトレンドになっているといえる。

二〇〇六年に東芝がアメリカの原子力プラント大手のウェスチングハウス・エレクトリック社を買収し、大きなニュースとなった。同年には日立もアメリカのゼネラル・エレクトリック社と原子力部門を統合、二〇一〇年には三菱重工が世界最大のフランス原子力関連企業アレバ社と提携するなど、日本企業は世界の原子力産業の中心的プレーヤーとなりつつあるのだ。

さて、世界で推し進められる原子力利用であるが、日本は原子力発電の原料となるウランの全量をカザフスタンなどの海外からの輸入に依存している。原料を一〇〇パーセント海外依存という状況では、依然その供給リスクはつきまとってくる。

黒潮が大量のウランを運ぶ

ところでウランもリチウムと同様に、日本の海から採取できるとしたらどうだろうか。

ウランは、海水一トンのなかに三・三ミリグラムの割合で溶け込んでいる。全世界の海水で計算すると四五億トンものウランが溶在していることになり、その量は陸地の鉱山ウラン推定可採埋蔵量の、およそ一〇〇〇倍にあたるという。

また、独立行政法人日本原子力研究開発機構（ＪＡＥＡ）によると、フィリピン沖から台湾沖を抜けて日本に向かって流れている黒潮が、日本に運んでくるウランの量は一年間で五二〇万トンにもなると算出している。

日本の原発用ウランの年間需要量がおよそ八〇〇〇トンだとすると、黒潮からわずか〇・二パーセントのウランを回収するだけで、日本の年間需要がまかなえてしまう。しかも、日本に流れてくるウランは無料。こんな夢のような話を実現しようとする研究が、日本で進められている。

前述のリチウムもそうだったように、海水に溶け込んでいるのはウランだけではない。その他さまざまなものが溶け込んでいる海水から、いかにして効率よくウランだけを回収すればいいのか。そこでＪＡＥＡでは、ウランに特別に反応する「アミドキシム」という薬品を利用して、ウランだけを海水から抽出する方法を編み出している。

それではここで、抽出法を簡単に説明していこう。

まず、アミドキシムをフェルト状の不織布《ふしょくふ》につけたものを作る。不織布とは、繊維を熱で接合させ布状にしたもので、身近な物でいうと使い捨てマスクがそうだ。

ところが、アミドキシムは水に溶けるため、そのままでは海水に流されてしまう。そこで、放射線の照射効果を利用して、アミドキシムを不織布に固定させる方法が編み出された。こうして海水のなかでウランなどの重金属だけを選んで吸着させる捕集材を作り、それを海に設置することで海中のウランを集めるというわけだ。

その設置方法としては、捕集材を金属の籠《かご》に充塡《じゅうてん》した吸着床と呼ぶ容器に入れ海底に沈める、吸着床に浮きをつけて海上に設置する、いけす型の浮体の下にモール状にした吸着床を海中に吊り下げるなどがある。

また、モール状にした捕集材を筒状の浮きを通した縄状の芯材に取りつけ、捕集材から離れた部分の芯材に重石《おもし》をつけて海中に沈めることで、あたかもモール状の捕集材が海底から生えているように設置する方法もある。

これらの方法で、ＪＡＥＡは実際にウランの回収に成功している。そして、推定で不織布一三〇枚を使った直径四メートルの吸着床を一〇〇個並べ、一年間それらを海に沈めておくと、一トンものウランが回収できるとしている。

また、布状の吸着床タイプよりも、モール状にした捕集材を海中に浸《ひた》す方法がウランの回収率は高い。さらなる改良を加えれば、回収率の向上とコスト低減が見込まれるだろう。とにかく黒潮に乗って、毎年日本にやってくる五二〇万トンものウランを活用しない手はない。

ウラン抽出技術が成熟すれば、純日本産の燃料で原子力発電を行うことが理論上可能になる。原料は確保できるわけだから、あとはフロントエンド（燃料製造など）とバックエンド（燃料リサイクル、廃棄物処理など）の工程を国内にしっかりと確立することで、他国に依存することなく、日本独自のエネルギーサイクルを完成させることができるのだ。

宝の持ち腐れを避けるために

海水から採取できる鉱物は、リチウムやウランだけではない。前述のアミドキシムを利用した方法では、リチウムイオン電池の正極材として需要が高まっているコバルトの採取も可能だ。

日本はコバルトに関しても、海外からの輸入は八〇パーセント以上という高い依存率を示している。ちなみに、主な輸入相手国はフィンランド、カナダ、オーストラリア、ノルウェー、そしてザンビアだ。

ところが、一方で日本に流れてくる黒潮が運んでくるコバルトは、何と年間で一六万トンにもなる。これは日本の年間コバルト消費量の一万五〇〇〇トンを軽く超えるばかりか、世界の年間コバルト消費量である、五万七八〇〇トンさえも凌駕《りょうが》してしまうほどの量だ。

現在、リチウムイオン電池の正極材はコバルトのほか、リン酸鉄、マンガン、ニッケル、また三元系といった材料が考えられている。コバルトはリチウムイオン電池の蓄電容量の性能向上という点では、他の正極材より優れている。しかしながら、その価格が他の正極材よりも割高であるというデメリットがあった。

そのコバルトを日本の技術で黒潮から調達できるとなれば、もはや輸入品としてその価格を市場に大きく左右されることもなく、逆に価格を自分たちでコントロールすることができる。そればかりか、過度な輸入依存という日本の悪い体質が改善され、資源リスクの軽減にもつながるのではないか。

また、先にリチウム資源における各国の争奪戦の様子を記《しる》したが、特徴的なのは各国とも民間任せではなく国が先頭に立って動いているということだ。民間ではできないことも、国が先頭に立つことで動かせるということだろう。

もちろん、国が先頭になって動く背景には、各国の戦略がある。すでに韓国は、海中からのリチウム抽出について、政府と企業が手を組んで商業ベースでの開発を進めることになっている。海水からリチウムを採るのであれば、当然海水から採れるその他のレアメタルの採取についても韓国は検討しているであろう。

日本として避けたいのは、もたつくうちに、海水からレアメタルを抽出するさまざまな技術の特許を諸外国に押さえられてしまうことだ。そうなれば、日本が海水からレアメタルを採取しようとしても、コスト増の壁が立ちはだかり、計画に著《いちじる》しい障害を及ぼすことになる。それはまさしく、「宝の持ち腐れ」というものだろう。

日本の海は世界第四位のスケール

黒潮の恵みといえるレアメタルは、まだ他にもある。自動車の鋼板に使われ、鋼の強度を増すための鉄鋼添加剤などに利用されるモリブデンもその一つだ。

モリブデンは、モリブデンを添加して強度を増した特殊鋼の工場内スクラップや、市中製品も使用済み鋼材として回収される他、触媒からもリサイクルされている。このように、比較的リサイクルしやすいレアメタルとされているが、注意しなければならないのは、その年間生産量と埋蔵量のバランスである。

モリブデンの現有埋蔵量と現在の生産ペースを考えると、二〇五〇年には現有埋蔵量を使い切ってしまうといわれており、その意味でモリブデンは、供給リスクが高いレアメタルともいえる。

日本のモリブデンの年間消費量は、およそ五万一三〇〇トン。対して、黒潮が毎年運んでくるモリブデンの量は一五八〇万トンと桁違《けたちが》いの量を誇っている。「供給リスクが高い」と危惧《きぐ》していることが馬鹿馬鹿しくなってしまうほどの数字だ。

黒潮が運んでくるレアメタルには、チタンもある。「軽い、強い、錆《さ》びない」という特性があり、ジェットエンジン、ロケット、ミサイルなどに利用されているチタンだが、最近ではその軽さと強さからメガネのフレームに活用されるなど、民生品としても身近になっている。

日本のチタンの年間消費量は三万五六九三トンで世界第四位。一方、黒潮が運んでくるチタンの量は一七〇万トンと、こちらの量も半端《はんぱ》ではない。

また、耐食性、耐熱性に優れたバナジウムも、黒潮の恩恵にあずかれるレアメタルの一つだ。これはその性質から特殊鋼に添加され、自動車や航空機の機体に必要な合金として使用される。バナジウムの日本の年間消費量は一万四三三三トンで、チタンと同じく世界第四位。それが黒潮によって年間三四〇万トンも運ばれてくるのだから、海の大きさ、偉大さにあらためて畏敬の念を覚えてしまう。

これらモリブデン、チタン、バナジウムも、先の技術によって採取が可能だ。

海の大きさといえば、東海大学海洋学部教授の山田吉彦氏は、海を二次元ではなく三次元でとらえることの重要性を説いている。

本章の冒頭で、日本の領海と排他的経済水域を合わせた海の面積は約四四七万平方キロメートルとなると述べた。これは、アメリカ、オーストラリア、インドネシア、ニュージーランド、カナダに次ぐ世界六番目の規模になるとも書いた。

しかし「世界六番目」というのは、あくまで日本の海の面積だ。海洋政策研究財団のデータをもとに、日本の海を表面積だけではなく深さ、すなわち三次元的に海水の体積を量ると、日本の海はさらに大きくなる。何と、アメリカ、オーストラリア、キリバスに次いで、世界第四位の規模となるのである。

これは、世界の海にはまだ領域が定まっていない部分もあることを踏まえ、各国の主張をそのまま採り入れて計算した、あくまで概算として示されたものではある。だが、それでも日本の海がいかに広く、大きいかがよく分かる好例ではないだろうか。

第五章　無限の資源「日本の英知」

世界的スターも認めた日本の技術

中国の実質的なレアアースの輸出禁止は、日本はもとより世界で大騒ぎを招いた。その大きな理由が、レアアースが環境エネルギー技術、とくに次世代自動車のモーターの磁石に欠かせないという理由であることは、これまで述べてきた通りだ。

ところで、次世代自動車の火つけ役は誰だったのか。それを考えてみたい。

もともとヨーロッパで環境車といえば、ガソリン車よりも燃費がよく排気ガスの対策を施《ほどこ》した、クリーンディーゼル車が主流とされてきた。それに対してハイブリッド車や電気自動車は技術的にも難しく、将来的な市場普及の見通しも立っていないという評価だった。

ちなみに、筆者が日本の自動車メーカーに勤務していた一九九〇年代。欧州のある自動車メーカーの幹部が、日本の自動車メーカーが開発している次世代自動車に対して、自信満々にこういい放ったものである。

「(ハイブリッド車や電気自動車は)市場の普及性が低く、まったく開発に値しないニッチな車だ」

次世代自動車の市場普及の歴史は、一九九七年にトヨタ自動車がハイブリッド車の初代プリウス(NHW-10型)を発表したことから始まった。ガソリンエンジンとともにモーターとインバーター、そして電池を搭載したプリウスは、高度なコンピュータ制御技術でガソリンエンジンとモーターを巧みにコントロールして、低燃費走行を実現。まさに次世代の乗り物として、脚光を浴びたのである。

このように、ヨーロッパ勢が技術的に無理だといっていたものを、日本のメーカーは実現し世に送り出したのだ。自動車の歴史の一ページを、日本のメーカーが書き記《しる》したといっても過言ではあるまい。

プリウスはハリウッドスターの間でも、環境に優しいクールな車として人気を博した。二〇〇七年の第七九回アカデミー賞授賞式には、ハリウッドスターのレオナルド・ディカプリオが授賞式会場のコダック・シアターにプリウスで乗りつけ、世界的な話題ともなった。

そして、二〇〇八年にはプリウスの販売累計が一〇〇万台を達成し、ハイブリッド車という次世代自動車が、市場に受け入れられ普及するということを証明。この頃になると、環境車はハイブリッド車を始めとする次世代自動車が主流となり、各国のメーカーがその開発と宣伝に勤《いそ》しむという状態になったのだ。

一九九〇年代当時、「次世代自動車などはニッチな車だ」といい放った欧州メーカーの幹部は、今では某自動車メーカーのＣＥＯに出世し、「我が社こそは電気自動車の先駆け」とでもいわんばかりに、電気自動車の優位性を唱え、その開発と宣伝に注力している。過去の発言を忘れてしまったかのような変わりようである。

少々長い話になってしまったが、こうして環境車としての次世代自動車のトレンドができ上がり、ハイブリッド車や電気自動車の製造に欠かせない材料として、レアアースの価値と需要が急上昇した。つまりは、現在のレアアースの需要増のトレンドは、次世代自動車を世に送り出した日本が作り出したともいえる。

もし現在、環境車のトレンドがクリーンディーゼル車であったら、これほどレアアースが騒がれることはなかったのではないか。日本の英知が卓越した次世代自動車を世に送り出し、それがレアアースの価値を高め、需要を作り出したのである。

レアアースの価値を高めたのは誰か

次世代自動車を世に送り出した日本の英知――。では、そもそも次世代自動車のモーターに使う永久磁石に、レアアースを材料として使う理由はどこにあるのだろうか。

次世代自動車のモーターに主に使われる磁石はネオジム磁石という永久磁石で、その最大の特徴は永久磁石のなかでもっとも強いとされる磁力にある。その磁力の強さは一般的な用途に広く使われている、レアアースを使わないフェライト磁石のおよそ一〇倍。次世代自動車のモーターには、その高い磁力が必要になってくるのだ。

また、永久磁石は高温になると磁性を失う性質がある。ところが、次世代自動車のモーターは使用時に二〇〇度ほどの高温になるため、モーターに使われる永久磁石も耐熱性の高いものにする必要がある。それに耐えるために、ネオジム磁石は軽希《けいき》土《ど》類《るい》レアアースのネオジムと鉄、ボロン（B）、そして高温でも磁力を保持するために、重希土類レアアースのジスプロシウムを主な原料に作られる。

レアアースを使わずに、ネオジム磁石と同等な性能を発揮する永久磁石は、実用レベルでは見当たらない。次世代自動車のモーターに使われる磁石に、レアアースを使ったネオジム磁石が必要になる理由がそこにある。

ではいったい誰が、高い磁力を誇るネオジム磁石を開発したのだろうか。ネオジム磁石の技術は、一九八三年に日本の佐川眞人博士（インターメタリックス株式会社代表取締役社長）が開発したものである。磁石にレアアースを添加し保磁力を飛躍的に高めるという佐川博士の革新的な技術開発があったからこそ、脱石油時代の今、次世代自動車が求められ、その駆動用モーターに必要な材料としてレアアースに世界の目が集まっているのだ。

このように、日本はその英知で次世代自動車のみならず、革新的な永久磁石の技術をも生み出したのである。

すなわち、今日、レアアースが資源として成り立つのは日本の英知のおかげである。レアアースが「資源」であると決めたのは日本であり、中国が戦略物資にできるのも、ひとえに日本がレアアースの先端的な使い道と市場を作り出したからだ。日本の英知なくしてはレアアースはただの土であり、ただの土を貴重な資源に変えてくれた日本に、中国は感謝すべきであろう。

第二章で紹介した通り、ネオジムなど軽希土類のレアアースは世界各国に存在している。これから多元化が進み、中国以外からの軽希土類が市場に出回れば、自然と中国依存が緩和されてくるであろう。

しかし、ジスプロシウムなどの重希土類は、開発に適した鉱床が中国以外になかなか見つからず、依然、中国に依存しなければならない状況にある。

また先述したように、ジスプロシウムは高温になってもネオジム磁石の磁性を失わないようにするために添加される不可欠な材料だ。そして、ジスプロシウムを使用する以上、チャイナリスクを背負わざるを得ないのだが、そのジスプロシウムの使用を低減するネオジム磁石の開発を、インターメタリックス社では推進中だ。

これは、ネオジム磁石の結晶粒を従来よりも微細化することで、ジスプロシウムの使用を少なくしても耐熱性のある高性能磁石を開発するというものだ。そして、PLP（Press Less Process）法という、微粉末を容器に充塡《じゅうてん》し、プレスを行わず製造する新しい技術を確立している。

二〇一〇年一二月六日から七日にかけて、レアアースにかかわる行政、企業、研究者といった、さまざまな専門家を交えてレアアース資源について分析する会議、「東京レアアースカンファレンス2010」が開催された。その会議に登壇《とうだん》した佐川博士は、開発中の磁石の性能に自信を見せており、工業化に向けての研究をさらに進めることを説明した。

この会議には筆者も登壇者の一人として参加していたが、佐川博士の話はネオジム磁石の開発者の話として期待されるものであった。

その後、二〇一〇年一二月二七日づけの、独立行政法人新エネルギー・産業技術総合開発機構（NEDO）のプレスリリースに、注目すべき記事が掲載された。

NEDOが「希少《きしょう》金属代替材料開発プロジェクト」の一環として取り組んでいる、ジスプロシウムの使用量を低減したネオジム磁石の開発において、インターメタリックス社と東北大学の杉本諭《すぎもとさとし》教授らが、先の技術により、ジスプロシウムの使用量を約四〇パーセント削減することに成功したというのだ。

こういった革新的な技術が、公表される段階にある——。筆者はこの時、日本の英知がまた、新しい扉を開くことを予感したものだ。

重希土類を使わぬ磁石の登場

レアアースの中国リスクを回避するため、日本ではさまざまな取り組みが進められている。前述のNEDOの「希少金属代替材料開発プロジェクト」では、ジスプロシウムの使用量を二〇一一年度内に三〇パーセント以上低減することを目標に、研究が進行中だ。

一方、ジスプロシウムそのものを使わない、次世代自動車のモーターに使用できる永久磁石の開発については、独立行政法人産業技術総合研究所（AIST）でも取り組みが行われている。

AISTではネオジム磁石に匹敵する磁石として、ネオジムと同じ軽希土類のサマリウムを使用した、サマリウム磁石の開発を研究している。サマリウム磁石は高温下での用途に有効であることから、ジスプロシウムを使用しない磁石として検討されているのだ。

ところで、磁石は合金化した磁性粉末《じせいふんまつ》を固めて作るものであり、その製造方法は大きく二つに分かれる。一つは磁性粉末を高温で焼き固めて磁石を作る方法で、これは「焼結磁石《しょうけつじしゃく》」と呼ばれる。もう一つは磁性粉末を樹脂（ボンド）で固めて磁石を作る方法で、「ボンド磁石」というものだ。

性能が高いとされるのは焼結磁石。焼結磁石は焼き固めてあるので磁性粉末同士が緻密《ちみつ》に固まった磁石となる。ところが、ボンド磁石は磁性粉末を樹脂を使い固める、つまり樹脂によって粉末をつなぎとめているので、樹脂の分だけ密度が荒くなる。ゆえに、焼結磁石のほうが高い性能を持つわけだ。

現在、サマリウムを使った磁石はボンド磁石が主流だ。これはサマリウムを焼き固めようと六〇〇度ほどの高温にすると、サマリウムが窒化物と鉄に分解してしまうという性質を持ち、焼き固められないという理由があるからだ。

次世代自動車のモーターが発する高温下での利用に適し、ジスプロシウムを必要としないサマリウム磁石ではあるが、さらに高い性能を引き出すためには、ボンド磁石ではなく焼結磁石にする必要がある。そして現在、焼結磁石の製造工程でかかる六〇〇度ほどの高温下でもサマリウムが分解しない方法が研究されており、その成果が期待されているのだ。

加えて、企業における取り組みも活発だ。株式会社ダイドー電子と大同特殊鋼株式会社は、共同で注目すべき技術を開発した。

それは熱間塑性《ねつかんそせい》加工法により、ナノレベル（ナノ＝一〇〇万分の一ミリ）の結晶粒を高度に配向させ、焼結磁石対比約半分のジスプロシウム量で、世界最高レベルの高磁力と高耐熱性を兼ね備えた、「省ジスプロシウム型ネオジム・鉄・ボロン系ラジアル異方性リング磁石」を開発したというものだ。そして、今後、成長が見込まれる自動車の電動パワーステアリング用磁石の市場を中心に、各種車載モーター用などへ向け、二〇一一年度からの量産化を予定しているという。

新技術を前にかすむ中国の戦略

また、レアアースをまったく使わない磁石の開発も進められている。

NEDOでは脱・省レアアースモーター開発プロジェクトを進行中で、フェライト磁石を利用した次世代自動車用のモーターの開発研究を行っている。しかも、研究では従来のレアアースを使用したハイブリッド自動車用モーターと同サイズのフェライト磁石を利用したモーターで実験を行ったところ、同等の高出力の確認をしているという。

中国がレアアースの規制を強めれば強めるほど省レアアース、脱レアアースの動きは活発化する。事実、これまで紹介したように各所で盛んに研究開発が行われており、一部の企業では商業化を目前に控えた発表をするに至っている。

レアアースの先端的な利用法を考案した日本は、その英知をもって、今度はレアアースを使わない技術を生み出すことになるかもしれない。そうなると中国が戦略物資と考えているレアアースの価値は一気に失われるのであり、その戦略がかすんでいくとしてもおかしくはない。

さらにレアアースと同様に、さまざまなレアメタルの省資源化技術、代替《だいたい》技術の開発も盛んに行われている。

「希少金属代替材料開発プロジェクト」では、ジスプロシウムのほか、インジウム、タングステン、白金族、セリウム、テルビウム、ユウロピウムなどについても、二〇一一年末から二〇一三年末を目途《めど》に使用原単位の低減を目指す予定だ。

インジウムは、透明電極向けインジウムの使用量低減技術の開発により、五〇パーセント以上の低減。タングステンでは複数の硬質材料粉末を用い、超硬合金工具と同等の切削《せっさく》性能を持つ複合構造硬質切削工具を開発。これにより、三〇パーセント以上のタングステンの使用量低減。加えて白金族では、排ガス浄化向けに使われる使用量を、五〇パーセント以上低減するなどの研究開発が進められている。

これまで資源リスクはあるものの、お金を出せば買えていたレアメタルについては、突き詰めた代替技術の開発や削減努力が行われてこなかった。技術開発よりも、お金での調達のほうがコストがかからないということであろう。

だが、お金で買ったレアメタルを湯水《ゆみず》のように使っていた時代は終わり、これから本格的な省資源化の努力、代替技術の開発が進められるのではないか。すでに企業のなかには、プラチナ、パラジウム、ロジウムなどの白金族を従来に比べ、七〇パーセント削減した排ガス浄化用触媒材料の開発を公表する会社もあるほどだ。

これまで努力をしてこなかったということは、余地があることを意味する。レアメタル代替技術、削減技術は、思ったよりも早く進展する可能性を秘めているのである。

「原子炉錬金術」が実現する日

ところでもし、「有用金属を創造する」――そういった技術が開発されたら、どうであろうか。それこそ、「現代の錬金術《れんきんじゅつ》」であり、世界の資源地図が様変わりしてしまうであろう。ところが日本では、そんな「有用金属を自ら作る」という新たな試みが始まっているのである。

それは原子炉の中性子を利用して、豊富で低価格な物質から希少で高価値な物質を製造する核変換技術、「原子炉錬金術」といわれるものだ。

原子炉のなかでは中性子による核反応によって、運転開始当初には存在していなかった新たな核種が随時生成される。この物質の核変換といえる現象において、中性子を照射する物質や照射する条件を適切に設定することで、豊富で低価格な物質から希少で高価値な物質を製造することが可能だというのだ。

こうした核変換の原理はこれまで、長寿命放射性核種を消滅処理（核変換処理）する方法としての応用が研究されてきたが、東海大学工学部原子力工学科の高木直行《たかきなおゆき》教授を中心としたグループでは、これを有用元素生成を目的とした原子炉錬金術として応用すべく基礎研究が進められている。そしてこの原子炉錬金術により、レアメタルを始めとする有用金属や希ガスを、自ら作り出そうというのである。

従来、鉱物資源については、地下資源から採取するということが当たり前と考えられてきた。だが、原子炉錬金術のように、原子炉を利用して有用金属を作り出すという発想は興味深く、新たな資源の供給源としてその可能性を広げるものになる。また、原子炉の新たな役割としても、今後、注目されるのではないか。

原子炉錬金術が現実のものとなれば、大量の需要量すべてをまかなうことは困難としても、日本経済を支える基幹物質を海外に過度に依存することなく、自国内で人工的に創造することが可能となる。そして、その技術を持つことの意義は大きい。

日本の都市鉱山で得た金属を、日本の海から得たウランで運転する原子炉で錬金し、必要な金属を作り出し、先端的な環境エネルギー技術に使っていく。こういった資源エネルギーの国内循環ができ上がるという、夢のような話が現実のものとなる日が来るかもしれない。

これまで、日本には資源がないといわれてきた。一方、江戸時代に目を向けると、人々は生活に必要な資源を外から掻き集めるのではなく、自分たちの英知を絞《しぼ》り、足元にあるものをうまく利用して資源を生み出していた。ある意味、現代よりも優れているともいえる見事な資源循環サイクルを作り上げていた。

そして、昔から受け継がれているこの英知こそが、尽きることのない日本の無限の資源だ。地中にある地下資源だけが資源ではない。日本の英知を資源と考えれば、間違いなく日本は「世界一位の資源大国」なのだ。

第六章　金属資源が招く超・高度成長

都市鉱石の効率的な回収法とは

「地中に埋まっているものが資源」というステレオタイプな視点を排し、これまで都市鉱山、海洋資源、そして日本人の英知と、さまざまな日本の資源ポテンシャル（潜在能力）について見てきた。「資源がない」といわれる日本ではあるが、地下以外に視野を広げると、実は日本には資源大国としての大きな可能性が秘められていることを、ご理解いただけたのではないだろうか。

だが、そうしたポテンシャルを、現在の日本が一〇〇パーセント活用できているかというと、残念ながらそうではない。これを有効に活用するには、解決しなければならない課題が多くある。

本書の最終章であるこの章では、我々の足元に眠る資源を活かし、日本が真の資源大国になるためにはどうすればいいのかを考えていきたいと思う。

まずは、都市鉱山についてだが、先述したように、都市鉱山を活用するには、最初に家電廃棄物など再利用できるものを資源として集める必要がある。現在、家電リサイクル法や資源有効利用促進法など多くの取り決めがあるが、それらを都市鉱山と見なし、レアメタルなどを回収していくことは念頭に置かれていない。今後は江東区で実施されたような、家電廃棄物を回収しレアメタルとしてリサイクルしていく取り組みを、全国で展開していきたいものである。

　ただし、自治体単体でゴミ扱いされる家電廃棄物から資源を回収するだけでは限界がある。ゆえに、より広範囲で数多く集めた家電廃棄物から、より効率的に資源を回収する方法が求められるであろう。事実、江東区でのレアメタルのリサイクル事業も、集めた家電廃棄物を経済産業省が契約した精錬業者に引き渡し、そこでレアメタルなどの含有量分析調査や抽出《ちゅうしゅつ》・製錬試験を行っていた。

　加えて、集めた家電廃棄物などを解体・濃縮して、都市鉱石を作る中間業の育成も重要だ。また、そうした作業を経済的に成り立たせていくために、製品の段階からリサイクルを考え、解体・濃縮しやすい構造設計にすることも検討していくべきだろう。

　その他にも、レアメタルを回収しやすい材質組成の検討も望まれる。

　すでに触れたように、レアメタル回収には「抽出法」と呼ばれる金属の再生回収法が用いられるが、この方法では溶かした液体から必要なレアメタルのみを取り出すために、それ以外は不要なものとして廃棄物となる。この廃棄物処理の負担を軽減するためにも、抽出の際に廃棄物が少ない材質組成にしておくことが重要なのである。

　リサイクルは本来、環境保全に配慮することが大前提なので、そのリサイクル工程で無駄な廃棄物を生まないようにすることは考えていきたいところだ。

大海原へと乗り出すために

都市鉱山と同じく、資源フロンティアである海の利用にも課題はある。

何よりもまず、日本の海の権利を守るという基本的なことから始めることが必要だ。各国が海底鉱物資源に注目し、海に進出している現状を考えると、そうした法的な整備を早急に行うことが、日本が安心して大海原《おおうなばら》へと乗り出していくための不可欠な前提といえる。

そのうえで次に求められるのが、揚鉱《ようこう》技術のさらなる開発だ。ちなみに、揚鉱には採鉱船から海底にパイプを下ろし、ポンプの力で採取した鉱物を引き揚げる「ライザーシステム」と呼ばれる方法がある。このライザーシステムに似た技術は、海底油田や海底ガス田などにも応用されているが、日本はそうした資源開発現場での経験が乏《とぼ》しいため、技術的な面でも実績の面でも弱いところがある。

そして、そんな日本が現在、手本にしている企業と技術がある。フランスに本社を構えるテクニップ社という総合海洋エンジニアリング会社、そして彼らの海底鉱物資源開発システムだ。たとえば、パプアニューギニアで海底鉱物資源を開発している企業にカナダのノーチラス・ミネラルズ社があるが、彼らは独自の技術で開発を行っているわけではなく、テクニップ社に技術委託をしているのだ。

このテクニップ社は世界有数の総合海洋エンジニアリング会社であり、黒海やブラジル沖、メキシコ湾、アフリカ沖の海洋石油・天然ガス案件には必ず絡《から》んでいるというほどの存在である。とくにライザーシステムの技術は世界一と見なされており、海洋資源開発においては、今後同社の動向をつぶさに観察しておく必要があるだろう。

日本は、同社に技術委託をし、パプアニューギニアで開発を行っているノーチラス・ミネラルズ社のライザーシステムを参考にしているわけだが、そこには一つ落とし穴がある。その一つが、パプアニューギニアの海と日本の海との違いだ。

パプアニューギニアの海域の自然環境は日本の海に比べ安定しており、台風や黒潮の影響もそれほどない。一方、日本の海はというと、台風や黒潮の影響をもろに受けるエリアである。たとえば、海底熱水鉱床が存在する、沖縄トラフの海域などは、台風の通り道であり、黒潮も頻繁に流れている。

そうした日本の厳しい自然環境に、果たしてパプアニューギニアの穏やかな海での技術が通用するのかという疑問がある。そして実際に、日本の海の厳しさを物語る出来事がすでに起きているのだ。

新たな海洋資源調査船の登場

二〇一〇年八月、独立行政法人海洋研究開発機構（JAMSTEC）の地球深部探査船「ちきゅう」（マントルや巨大地震発生域への大深度掘削を可能にする、世界初のライザー式科学掘削船）が、紀伊半島沖熊野《くまの》灘《なだ》での海底掘削作業中に、船上から海底に下ろすパイプが破損し、海に流されてしまうという事故が起きた。

この作業は、二〇〇三年一〇月から日米主導で進めていたプロジェクト「統合国際深海掘削計画」の一環として行われていたものだった。プロジェクトの主な目的は、地球環境変動や地球内部構造、地殻内生物圏の解明など。紀伊半島沖熊野灘は南海大地震の震源地として想定されているエリアで、プロジェクトの研究内容にも合致するということで調査が行われていたのである。

調査のために、水深二〇〇〇メートルの海底に、海底下八六八・五メートルまで穴を掘り、その穴の崩壊を防ぐため「ケーシングパイプ」と呼ばれる鋼鉄製の管を孔内《こうない》に設置する必要がある。ところがその作業中に、周辺海域の流速が急激に変化したためパイプに著《いちじる》しい応力がかかってしまった。結果、パイプは破断し、そのまま潮流に流されていったというわけだ。

まさに、日本の黒潮という海洋環境が起こしたアクシデントだ。海という大自然の脅威に向き合いながら行う、海底資源開発の難しさを示した事故といえるだろう。

ところで、事故が起きた作業で使われた「ちきゅう」の他に、日本の海洋資源を調査・開発する主な船には、三次元物理探査船「資源」、深海底鉱物資源探査専用船「第2白嶺丸」がある。

「資源」は、経済産業省資源エネルギー庁が所有し、JOGMECが運航する三次元物理探査船だ。日本の周辺海域の石油・天然ガス資源の賦存《ふそん》情報を効率的に収集することを目的として、二〇〇八年一月に資源エネルギー庁が日本の公船としてノルウェーから導入している。

「資源」は水中で圧縮空気を瞬間的に放出し、その衝撃波を用いて海底下の地質構造の三次元的な形状を調査する。同船にはそのためのエアガン、衝撃波の反響（地震波）を受振する受振器、エアガンを曳航《えいこう》するケーブルなど、独特の設備が数多く搭載されている。

同じくJOGMECが運航する「第2白嶺丸」は、深海底鉱物資源の探査を目的とする専用船で、一九八〇年に建造されたものだ。船には海底ボーリングマシンを始め、海底の岩石を引っ掻いて削り取る装置「ドレッジャー」、海底の岩石を摑み上げて収集する「パワーグラブ」など、こちらも多くの特殊設備を搭載している。

さらにJOGMECでは、この「第2白嶺丸」に代わる新たな海洋資源調査船の建造も決定している。これについては、二〇一〇年一月に三菱重工業と新船の建造契約を締結《ていけつ》、二〇一二年二月頃の就航を目指し、建造を進める予定だ。建造額（契約金額）は、約一七三億円にもなるという。

ちなみに新造船には日本初となる、海底や地質の状況に応じて選択できる二種類の大型掘削装置を備えつける予定だ。最新鋭の調査機器各種も搭載し、海底鉱物資源を始め、メタンハイドレートなどのエネルギー資源の調査に役立てていく計画だという。

この新造船の登場とともに「第2白嶺丸」は廃船となるわけだが、日本の広大な海を探査・開発するうえで、主力となる資源探査船が三隻で十分なのかという不安は残る。

もはや、中国の怒濤《どとう》の海洋進出は無視できない状況にある。日本に権益のある海で、今まで以上に日本のプレゼンス（存在感）を示すためにも、海洋探査船の所有数やその開発技術力など、今後、日本には何がどれほど必要なのかを、あらためて検討する時期に来ている。

「横の連携」で新時代の先進国を

都市鉱山や海底鉱物資源を開発していくうえで、いくつか具体的な課題を挙げてみたが、それら課題に対処しつつ、日本が資源大国となるために必要なことがもう一つある。それは、日本の鉱物資源のポテンシャルにかかわる、さまざまな「プレーヤー」たちによる横の連携だ。

たとえば、都市鉱山。市中からいくら多くの家電廃棄物を回収したとしても、それを解体、濃縮（都市鉱石化）する設備や業者など、いわゆる回収のための「機能」を、その自治体が有していなければ意味がない。

とはいえ、個々の自治体がすべての機能を有するのでは負担になってしまう。そこで、一つの自治体が複数の機能を持つのではなく、何かに特化する。そして、自分たちにはない機能をもつ他の自治体と連携することで、効率的な回収が可能になってくる。

また、解体・濃縮業者と製品製造業者との強固な連携も、都市鉱山活用の促進につながるだろう。製品の製造段階からリサイクルしやすい構造、組成にしておけば、有用金属の抽出や廃棄物処理の工程が格段にスムーズになる。そうすれば、資源の企業内循環やＢ２Ｂ（ビジネス・トゥ・ビジネス）での循環もさらに広がりを見せるはずだ。

こうした横の連携は、海底鉱物資源の分野においても重要なキーワードとなる。

日本の海の権益を守るべく、経済産業省は鉱業法を改正し許認可制にする方針だが、その法改正を実現させるためには、政党間の連携――つまり、与野党間の連携がなければ成し得ない。とりわけ、鉱業法が改正され、新法が適用されるまでの期間は現行法が適用されるため、早急な措置が必要だ。なぜならば、もたつくあいだに、諸外国がこぞって日本の海域で探査や開発の申請を出してきた場合、防ぎようがないからである。

世界的な資源獲得競争が激しさを増すなかで、日本近海の海洋資源の乱開発や海外企業の資源囲い込みを規制する鉱業法の改正が、そうした事態を招いてはいけない。政党間の争いを優先し、国益保全を後回しにしては、本末転倒というものだろう。

また、海底鉱物資源の探査や開発を行う、各機関の連携も大切だ。海洋探査船「ちきゅう」はＪＡＭＳＴＥＣが運航し、「資源」「第２白嶺丸」は前述したように、ＪＯＧＭＥＣが運航している。

鉱業法の改正の必要性が迫られている現状を考えると、こうした探査船の運航体制についても、おのおのの機関が得意とする専門分野の特性を生かしながら、今まで以上に横の連携を取ることが求められる。データの共有や探査計画の役割分担を協力して進められれば、さらなる成果を生み出すことが期待できる。

こうした連携の必要性は、海洋資源を産業や日常生活に活用するための技術開発を行う各研究機関にも当てはまるのはいうまでもない。

このように、あらゆるプレーヤーたちの横の連携を構築するには、各自の目指すべき方向性が共通していることが大切になってくる。いわゆる「錦《にしき》の御《み》旗《はた》」だ。

それはすなわち、日本が海外の鉱物資源に過度に依存せず、国内の資源を最大限に活用する社会像を描くということに他ならない。未来的社会像を明確にすることで、プレーヤーは自らの力を最大限に発揮できるのである。

だが、日本はこれまで、そうした社会像を描くことに関しては、あまり得意ではなかったのではないだろうか。

近年、政府レベルで策定されている「新・国家エネルギー戦略」「21世紀環境立国戦略」「バイオマス・ニッポン総合戦略」「２０５０日本低炭素社会シナリオ」といった将来へのビジョンの数々も、おのおの別の目的で作られた性格が強い。もっと、社会全体として目指すべき方向性を示すべきであり、それこそが、持続可能な社会の構築につながるのである。

日本に求められるのは、一刻も早く、新たな国内資源を最大限に活用するという未来的社会像だ。官民一体となって共有できるシステム作りに着手し、それを実現した時、日本はかつてない資源大国、新時代の先進国になるであろう。

ピンチをチャンスに変えてきた国

尖閣諸島事件に端を発した、中国からの実質的なレアアース禁輸。これをきっかけに、日本が抱える鉱物資源リスクが広く世に広まったわけだが、過去にも日本は、大きな資源リスクを経験している。一九七〇年代に起きた、二度のオイルショックだ。

第一次オイルショックが起きたのは一九七三年。アラブ石油輸出国機構が、第四次中東戦争の勃発《ぼっぱつ》により原油生産の段階的削減を実施。しかも、アラブ諸国に対立するイスラエルの支持国だったアメリカ、オランダなどへの石油禁輸措置が取られ、それによる経済混乱がアメリカと強い同盟関係にあった日本にも飛び火したのである。

第二次オイルショックは、一九七九年のイラン革命が影響した。イランでの石油生産が中断したことから、同国から大量の原油を輸入していた日本の需要が逼迫《ひっぱく》。これに加え、石油輸出国機構による石油価格値上げ措置の影響で、日本経済は大打撃をこうむったのだ。

しかしながら日本は、こうした二度の石油危機という大ピンチを乗り切ったばかりか、そのピンチをチャンスに変えるという離れ業《わざ》まで演じているのである。

オイルショックを克服するため、鉄鋼業や化学工業など各種産業界が知恵を絞《しぼ》り、その結果、省エネルギー技術の開発とエネルギーコストの大幅削減に成功した。さらに、工場のオートメーション化やコンピュータの導入による生産性の効率化など、その後の日本が世界で見せた競争力の基盤が、この二度のオイルショックを契機に生まれているのだ。

また、第一次オイルショックが起こる以前の一九七〇年、アメリカで提案されたマスキー法という厳しいハードルを乗り越えたことで、日本のお家芸ともいえる自動車産業がさらなる発展を遂げたことも忘れてはならない。

マスキー法とは、一九七五年以降に製造する自動車の排気ガスに含まれる一酸化炭素、炭化水素、窒素酸化物の排出量を、一九七〇年から一九七一年に作られた車の一〇分の一以下にせよという規制のことだ。民主党の上院議員エドムンド・マスキー（当時）が提案したのでこう呼ばれているが、本国アメリカでは自動車業界の大反対に遭《あ》い、ほとんど施行されないまま葬られている。

一方、当時の日本にはマスキー法と同様の規制を導入しようという動きがあり、オイルショックをきっかけに、それは本格化する。そして、一九七八年にマスキー法と同基準の規制が実施されると、日本の自動車メーカー各社はこの厳しい基準をクリアすべく研究を重ね、燃費がよく信頼性の高い車を、次々と生み出す結果へとつなげた。

一九七八年といえば、第二次オイルショックが起こる前年だ。当時の日本の自動車メーカー各社は、「皆でオイルショックに対応すべき」という確固たるビジョンを共通して持っていたといえる。日本産業界は第一次オイルショックと同様、高いハードルを乗り越えることで、今日の日本車の国際競争力の礎《いしずえ》を築いたのである。

一方、マスキー法を葬ったアメリカの自動車業界は、その後、ビッグ3の経営危機や環境エネルギー技術で世界的に遅れを取るなど、厳しい時代を迎えている。

さて、振り返って昨今の日本はどうだろう。

資源を地下資源に求め、世界中から鉱物を掻き集めるという視点では、オイルショック同様のリスクを抱えているといわざるを得ない。だが、これまで本書で解説してきたように、地下資源以外にも、日本には都市鉱山や海底鉱物といった、多様な資源ポテンシャルがある。

現状ではすべての鉱物資源をそこから回収、抽出できるわけではなく、技術的な課題はまだ多く残されている。しかし、現状の社会システムでは難しくても、それが日々変化して改善されれば、昨日は不可能なことも明日には可能になると信じたい。

それを成し得る最大のエネルギー源こそ、我々が幾度も世界に示してきた「日本の英知」に他ならないのだ。

真の日本車が世界を走る日

日本が都市鉱山や海洋資源の活用に本腰を入れ、また、そのための技術や環境を完全に整えたのならば、世界の鉱物資源地図は、大きく塗り替えられることになるだろう。

第一章でも触れたように、日産自動車が本格的な電気自動車「リーフ」を発売したことによって、日本のみならず世界にとって二〇一〇年は「電気自動車元年」といえる記念すべき年になった。近い将来、電気自動車やハイブリッド車といった次世代自動車が本格的に普及することは、この分野の技術で高いクオリティを誇る日本にとって、大きな意味を持つ。

しかしながら、現在の日本はレアメタルやレアアースのほとんどを海外から輸入している。それも、商社を始めとする日本企業の努力により、何とか確保してまかなっているという状況だ。次世代自動車はあらゆるレアメタルやレアアースで作られ、しかも製造の際に必要な工具にまで使われる。

ゆえに、完成した「日本車」は、技術は日本のものでも、素材はすべて「外国製」といってもいい。

そういった状況下で、日本の鉱物資源のポテンシャルをフルに活用すれば、次世代自動車の分野に何が起きるのか。本書をここまで読んでいただいた方々には、もう説明するまでもないのかもしれない。

次世代自動車における「核心部」といえる駆動用モーター（永久磁石）、リチウムイオン電池に代表される車載用蓄電池。そして、従来のハロゲンライトよりも消費電力量が少ないＬＥＤライト、カーナビゲーションシステムには欠かせない液晶ディスプレイパネルや電子基板。加えて、環境に優しい低燃費走行を実現させるための軽くて強い車体鋼板――。

これら、すべての原料となるレアメタル、レアアースを日本独自でまかなえば、海外から掻き集める必要性がなくなるのである。都市鉱山や海洋資源という物理的な資源に、日本人の英知という、いわば数値では決して計れない無限の資源をかけ合わせることで、それは可能になるのだ。

日本で作る次世代自動車を日本の資源で作り、そしてそれが、日本のみならず世界中を駆け抜ける――。そんな日が訪れた時、日本は初めて真の「金属資源大国」になったといえるのではないだろうか。

あとがきに代えて――「資源エネルギーと日本の外交」研究プロジェクトについて

東京財団理事長　加藤秀樹《かとうひでき》

「資源のない我が国では……」。多くの日本人が、このセリフを頻繁に使ってきました。

本書は、これからの時代における「資源」とは何か、それはどこにあるのか、資源の獲得方法や、そのために必要な技術、あるいは私たちが考えなければならないことについて、最新の状況を含め、精力的にまとめたものです。

「レアアース」という言葉は、つい最近まで私たちには馴染《なじ》みのないものでした。ところが、日中間の外交問題をきっかけに、日本の先端産業がレアアースに大きく依存していることが分かり、外交関係のいかんによっては、その供給不安がいつ起こっても不思議ではないことを突如として思い知らされたのです。

地球環境問題の深刻化やＩＴ技術の浸透がもたらした、「文明の大転換期」といえる時代の大きな曲がり角にあって、私たち全員は今、「資源」の意味を深く考えなければならないのではないでしょうか。空気と水――。人間が生きるうえで必要なこのふたつは、以前は資源とは考えられていませんでした。しかし、今や空気や水すらも希少化《きしょう》しつつあるのです。このふたつについては、日本は世界有数の資源国としてむしろ諸外国から狙われる立場にあります。そして、レアメタルやレアアースについても、日本はなかなか恵まれているではないかということが、この本を読むことでよく分かると思います。

本書は、東京財団が四年前から行ってきた、「資源エネルギーと日本の外交」プロジェクト（大転換期を迎えた世界の資源エネルギー情勢下において、日本の資源エネルギー政策についての提言を行うことが目的）の一環として出版するものです。

私たちは、「資源は外から調達するもの」という視点で考えてしまう傾向にありますが、供給源の多様化が求められている現代だからこそ、あらためて自分の足下にある資源の可能性を見直す必要があるのだと思います。

東京財団は、非営利・独立の政策シンクタンクとして、現在必要とされる政策を長期的な視点から考え、その実現を目指すことを常に心がけています。その意味で、本書が資源エネルギーに直接かかわる企業や政策関係者に限らず、多くの方々の役に立てれば幸いです。

平沼 光

1966年、東京都に生まれる。東京財団研究員・政策プロデューサー。1990年、明治大学経営学部卒業後、日産自動車株式会社入社、繊維機械事業部・海外営業部にて海外営業を担当。2000年に東京財団入団、政策研究部にて外交・安全保障、資源エネルギー分野のプロジェクトを担当。専門分野は資源エネルギー外交。NHK「クローズアップ現代」などのテレビ番組でコメンテーターを務めるかたわら、新聞・雑誌等に精力的に寄稿している。

講談社+α新書 562-1 C

日本《にほん》は世界《せかい》1位《い》の金属《きんぞく》資源《しげん》大国《たいこく》

平沼《ひらぬま》 光《ひかる》

2011年3月20日第1刷発行
2011年5月19日第4刷発行

発行者——— **鈴木 哲**
発行所——— **株式会社 講談社**
東京都文京区音羽2-12-21 〒112-8001
電話 出版部(03)5395-3532
販売部(03)5395-5817
業務部(03)5395-3615

装画——— **朝日メディアインターナショナル株式会社**
デザイン——— **鈴木成一デザイン室**
本文組版——— **朝日メディアインターナショナル株式会社**
カバー印刷——— **共同印刷株式会社**
印刷——— **慶昌堂印刷株式会社**
製本——— **牧製本印刷株式会社**

定価はカバーに表示してあります。

落丁本・乱丁本は購入書店名を明記のうえ、小社業務部あてにお送りください。

送料は小社負担にてお取り替えします。

なお、この本の内容についてのお問い合わせは生活文化第三出版部あてにお願いいたします。


ISBN978-4-06-272709-9